宝宝辅食添加周计划

张明 主编

7

江西科学技术出版社

图书在版编目（CIP）数据

宝宝辅食添加周计划 / 张明主编. -- 南昌 : 江西科学技术出版社, 2017.11
ISBN 978-7-5390-6072-9

Ⅰ. ①宝… Ⅱ. ①张… Ⅲ. ①婴幼儿－食谱 Ⅳ. ①TS972.162

中国版本图书馆CIP数据核字(2017)第230029号
选题序号：ZK2017225
图书代码：D17079-101
责任编辑：邓玉琼　万圣丹

宝宝辅食添加周计划

BAOBAO FUSHI TIANJIA ZHOUJIHUA

张明 主编

摄影摄像　深圳市金版文化发展股份有限公司
选题策划　深圳市金版文化发展股份有限公司
封面设计　深圳市金版文化发展股份有限公司
出　　版　江西科学技术出版社
社　　址　南昌市蓼洲街2号附1号
　　　　　邮编：330009　电话：（0791）86623491　86639342（传真）
发　　行　全国新华书店
印　　刷　深圳市雅佳图印刷有限公司
开　　本　720mm×1020mm　1/16
字　　数　200 千字
印　　张　15
版　　次　2018年1月第1版　2018年1月第1次印刷
书　　号　ISBN 978-7-5390-6072-9
定　　价　36.80元

赣版权登字：03-2017-331

Part 1

阶段辅食的基本要点

Part 2

6 月开始的辅食之旅

Part 3

7月：与泥泥糊糊相伴

Part 4

8月：尝试加入蛋黄

Part 5

9月的小嘴咀嚼操

Part 6

10月后的宝宝学习自己吃饭

11 月开始当个小大人

Part 8

1~2 岁：从断奶开始的转变

Part 9

3~4 岁的孩子健康食谱

Part

阶段辅食的
基本要点

6个月开始给宝宝添加辅食

辅食的必要性

辅食的目的在于让婴儿慢慢地学会像大人一样从乳汁或配方奶以外的食物中摄取营养，添加的食物从接近液体的食物开始慢慢变成固体食物，以此来锻炼孩子咀嚼的能力，并为之后的饮食习惯打下基础。

一直以来只进食液体的婴儿，他的舌头和嘴巴的动作都不成熟，就算简单的咀嚼食物都做不到。此外，婴儿的消化吸收系统也不发达。由于婴儿无法充分分解和吸收食物，因此，有必要选择与婴儿的发育时期相宜的食材，并通过烹饪加工让这些食物变得软烂到易于婴儿对其的吸收。结合孩子的发育情况，从出生后5~6个月到1岁~1岁6个月期间，按每个月不同的成长特征以递增的方式来添加辅食。

除了让婴儿从母乳以外的食物中获取营养之外，辅食还有很多作用。通过进食各种各样的食物，能够扩展孩子的味觉世界，提高孩子咀嚼的能力。此外，使用手和勺子等工具可以促进孩子身体机能的发育，激发孩子的好奇心，培养孩子进食的欲望。如此一来，孩子就能通过辅食来养成独立性，掌握基本的生存能力。

为孩子的健康成长打下基础

1. 掌握咀嚼、吞咽能力

“吃”这个动作在成人看起来很简单，但实际上却非常复杂。首先，要用嘴唇、下颌和舌头将食物运送入口中，然后要用牙齿将食物磨碎至能够咽下去的硬度和大小；其次，再与唾液混合分成小块或半流质后吞咽下去，最后，将食物送进食道，而且这一切的动作还会运用到面部的多处肌肉。“咀嚼”、“集中”、“吞咽”，对于机能还未成熟的婴儿来说，是需要通过反复练习这种复杂的动作，来促进咀嚼机能的发达的，并且同时掌握面部多处的肌肉控制。

2. 培养味觉，避免不良习惯

感知甜、鲜、酸、咸、苦等基本味道的能力是与生俱来的，而辅食的作用在于延伸这些“味觉”的世界。味觉可以在成长中区分必要的味道和危险的味道，还关系着享受食物，避免孩子出现偏食、挑食等不良饮食习惯。在这个时期内，通过让孩子体验各种各样的味道可促进其味觉的发育。

3. 补充必要的能量和营养素

孩子出生 5~6 个月之后，仅靠母乳中含有的营养素是不能很好地维持成长发育的。这是因为，母乳中含有的蛋白质和矿物质（钙和铁等）在渐渐减少。想要孩子健康的成长的话，就要必须要补充能量和营养素，为此添加辅食就变得很有必要。

4. 为饮食习惯打下牢固的基础

结合孩子的嘴唇、舌头和下颌的动作以及消化吸收机能的成长程度，辅食的食材种类要慢慢增多，进食的量与次数也要开始慢慢增加。在完结期，要跟大人一样每天在特定的时间吃三餐，在三餐之间给孩子吃 1~2 次点心。也就是说，通过辅食来慢慢调整孩子正确的生活规律，为孩子养成良好的饮食习惯打下牢固的基础。

5. 培养进食欲望和自己进食的习惯

孩子在出生 5~6 个月之后会出现想吃的行为，这个时候就可以看准时机开始进行辅食的添加了。慢慢地让孩子学会自己用手将食物送到自己口中，以及使用辅食道具进食。这是孩子“可以自己吃”的意识的证明。通过丰富的进食经验来培养孩子的自立心和好奇心。

添加辅食应讲究营养均衡

从出生到 1 岁期间是婴幼儿时期，这期间孩子的体重可以激增到原来的 3 倍以上。由于发育旺盛，即使身体很小，但依然需要大量的营养素来维持生长发育。然而，婴幼儿无法做到自己选择食物，为了能够给婴幼儿提供对其自身平衡有益又营养丰富的食物，在开始添加辅食的时候，就需要大家能掌握好基本的知识，了解食材的特质，才能更好地合理搭配。

了解了食材所含的营养素，才能健康搭配

营养均衡的饮食是婴儿健康成长发育的基石。有人可能会觉得很难，但基本的知识其实很简单。食谱是由“主食”、“主菜”、“汤羹”构成的。主食是让身体动起来的“热量”补给站，主菜和羹汤是补充调节身体的“维生素、矿物质源”，再配上合成血液和肌肉的“蛋白质”，就变成了营养均衡的优良食谱。

虽说如此，但是也没有必要每一餐都考虑得太过严密。比如说，这一餐的维生素和矿物质不足的话，那么下一餐或第二天的辅食食谱中就可多加入蔬菜来补充这些营养，这样也是没问题的。

容易缺乏的营养素和需要避免摄取过量的营养素

婴幼儿的身体和大脑的发育很旺盛。碳水化合物是大脑发育的唯一能量来源，添加含有碳水化合物的食材尤为必要。此外，除了铁以外，婴幼儿还容易出现维生素 D 不足的情况。要有意识地给孩子吃富含维生素 D 的三文鱼和竹荚鱼等鱼类，富含铁的深色蔬菜和红色鱼肉以及小松菜、黄豆粉等食物。另一方面，由于婴幼儿的消化吸收能力尚未成熟，要注意避免给孩子吃过量的蛋白质和油脂，适量补充即可。

基本小工具

那么多的辅食工具，你挑花眼了吗

古语有说：“工欲善其事，必先利其器。”给宝宝做辅食也是一样，要给宝宝做出合适质地的辅食，基本的工具还是很必要的。但是市面上不同功用、不同材质的辅食工具众多，你是不是已经挑花了眼？了解这些工具如何使用，对于挑选辅食工具会更加有利。

菜板

日常使用的菜板会接触到生肉或者其他食物，容易滋生细菌，对宝宝的肠胃造成损害，所以最好给宝宝专门准备一个菜板制作辅食，并做到每日消毒、每餐清洗。可选择用开水烫煮，或者放到消毒柜里，或者直接用日光晒，用紫外线消毒等。

刀具

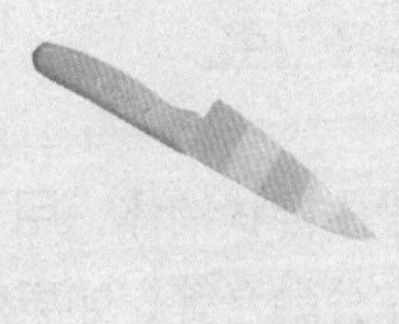

因为宝宝的辅食制作都比较简单，有很多汁水之类的可以不经煮制而直接食用的辅食，所以尽量给宝宝准备一套专用的刀具，并且将生熟食所用刀具分开。为了避免滋生细菌，应该做到做辅食的前后都清洗、擦干，并消毒，以呵护宝宝柔弱的肠胃。

刨丝器、擦板

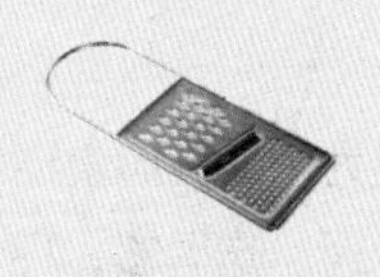

这类工具多用来制作丝状、泥状食物，制作出来的食物便于宝宝吞咽。一般使用不锈钢的擦子即可，制作食物以后要特别注意工具的细缝里是否有残留物，每次使用过后都要清洗干净，使用前后消毒。

蒸锅

备一口蒸锅，用来蒸一些柔软易烂的食物，例如蒸土豆、芋头、南瓜等，以便制成泥。因为蒸锅蒸出来的食物口味鲜嫩，易熟烂，也容易消化，并且在很大程度上保留了食物的营养，适于宝宝吸收。

过滤器

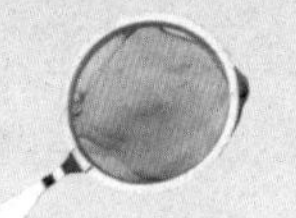

用于过滤汁水残渣，保证汁水细腻，避免宝宝因吞咽汁水时吸入颗粒而导致咳嗽等。使用前要用开水浸泡一下，因为细小的缝隙中容易滋生细菌。

小汤锅

因为宝宝的辅食用量一般较小，并且要保持食物的新鲜，所以需要备一口小奶锅，每次只煮一餐的食量。一般用于一些食物的熬煮等，如果在添加辅食初期，宝宝的食量较小，还可将汤锅倾斜一下，容易省时省能。

榨汁机

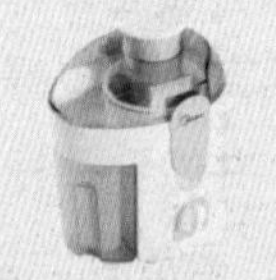

在添加辅食的初期，以汁水类或者糊糊类为主，使用需注意要将食材切小块，便于机器运转，并严格按照说明书的使用方法，用前清洗，用后消毒晾干。

料理机/料理棒

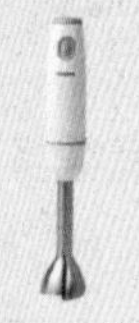

可以用来研磨比较硬的食物，比如大米、肉等，比较省时省力。可研磨得细一点，便于宝宝吞咽。同样注意的也是要清洁消毒，保证卫生。

搅拌器

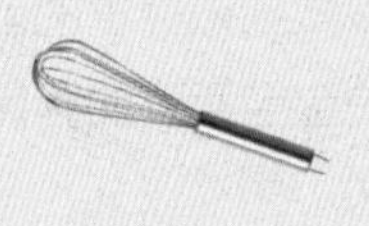

泥糊状辅食的常用工具，一般用棍状物体，用于搅拌食材至其稍冷却或使食材充分融合等。如果想省事，家里用的新筷子甚至勺子都行，用后注意清洗即可。

秤

这个工具一般不常使用，但是为了能按照食谱做辅食，并确保宝宝营养的搭配合理、吃得够，秤会起到很大的帮助。

分蛋器

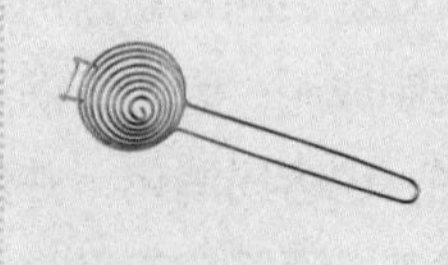

鸡蛋含有丰富的营养成分，但 8 个月以内的宝宝食用蛋白可能会过敏，1 岁左右的宝宝才可以吃全蛋。分蛋器还可以用于家里面其他菜肴的制作，所以准备一个分蛋器很关键。

削皮器

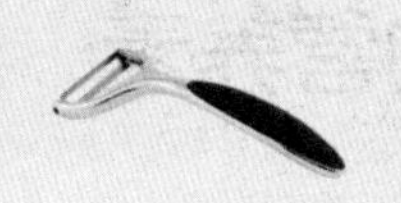

居家必备的小巧工具，用于削果皮、土豆皮等，方便好用。给宝宝专门备一个，与家里用的分开，以保证卫生。

量杯

是带有刻度的杯子，被称为“量杯”，它和量勺是一个用途，用来定量我们添加原料分量的工具。

压泥器

一般用来将煮熟的东西压制成泥，比较常见的是蒸熟的土豆、红薯等，使用起来较方便，不会弄脏手，可使食物均匀受力，容易制成泥。也有配套的小碗，压好后可直接食用。用前需清洗消毒，保证卫生。

研磨盘

一般用于研磨比较坚硬的蔬菜和水果，如胡萝卜、土豆、苹果、梨等。将蔬果洗净后，在研磨盘内摩擦，制出细末，加倒米糊或者直接熬煮都是极好的。不过研磨盘上细缝较多，使用前后需清洗干净；摩擦时也要注意安全，不要磨到手。

研磨钵+研磨棒

这类工具一般在制作粉末类食材时使用，比如研磨黑芝麻、花生、核桃等容易研碎的食物。因为宝宝不善于吞咽大颗粒的食物，容易卡在食管内造成危险，所以需要细细研磨。

冷冻盒

可以在市场上购买专门用于冷冻宝宝辅食的冷冻盒，用于储藏平时做的比较多的辅食。这类冷冻盒体积较小，可以将食材分开储藏，方便卫生。也可以将煮肉或鱼的汤倒入冷冻盒内，保留高汤，留着以后做米糊或其他辅食的时候用。

宝宝每月成长所需添加的营养素

口唇饮食期的辅食添加方法

正式开始添加辅食：

辅食要从容易被消化吸收的液体开始考虑，且出于过敏的顾虑可以先从米汤开始。第一次的时候，将用水煮得很稀很稀的粥磨碎之后，再过滤给婴儿食用，每次一小勺。孩子习惯喝米汤之后，再喂同样做成汁或糊状的蔬菜，之后可以加一些豆腐（蛋白质源）。这个时期说到底是让宝宝习惯喝食物的时期，但是请以孩子的状态为添加基准，慢慢地制订辅食。

稀粥

本月段的宝宝的最好选择流质食物

本阶段的发育特征：

能闭着嘴唇开始咽东西了

出生后 5~6 个月的婴儿的舌头只能前后移动。到 6 个月时，在其口中放入食物的话会闭上嘴唇并试图将口中的食物吞下去。要注意不要让食物从婴儿口中溢出来，同时要预防宝宝在吞咽时被呛到，让其缓缓地咽下去。

这段期间需要注意的地方：

只给孩子吃第一次吃的食物，注意观察吃完后孩子身体状况的变化

刚开始进行辅食添加的时候，特别要注意有无过敏反应。第一次喂食时，给孩子的食物只需 1 小勺即可，吃完之后要仔细观察孩子是否有出现发疹子、腹泻等不良情况。

土豆泥

土豆富含
氨基酸，能提
升免疫力哦

**磨牙期的
辅食添加方法**

如何度过磨牙期：

开始长乳牙的磨牙期的婴儿开始乱啃乱咬，会出现什么都喜欢放到嘴巴里的情况，用嘴巴认知世界，因此，给长牙期的宝宝准备好专用安全的“磨牙工具”是非常必要的。此时可以用嘴巴的前端部分含入食物，并能用舌头和下颌来感知食物了。这个时期孩子能吃的食材也逐渐增加了，因此，给孩子体验各种各样的味道和舌尖触感非常重要。然而，这个阶段的食谱也变得麻烦起来，因此，也是很容易中途松懈的时期。即使是同样的食材，也可以通过改变搭配等简单的方法来克服厌倦。

这段期间需要注意的地方：

对饮食以外的东西感兴趣的时期
每天在固定的时间喂食

孩子可能会突然变得不吃辅食，容易出现中途懈怠的时期。尽量让孩子养成每天吃两次辅食的规律，要是孩子实在不想吃的话也没有办法，这样的心态调整也很重要。

本阶段的发育特征：

舌头不仅可以前后活动，还能上下活动

这个时期的婴儿会将食物用舌头抵在上颌，闭上嘴唇将其磨碎，开始有将磨碎的食物集中在一起的意识了。因此，为了方便孩子集中和吞咽，要将食物做得黏稠一点。

进入长牙期

磨牙期不是一个舒服的过程，除了可能会发烧之外，牙龈的肿胀、疼痛和发痒也每天折磨着小宝宝，所以他们才会到处找东西乱咬，口水流的到处都是。宝宝这样乱啃乱咬肯定是很不卫生的，而且还可能发生误吞误食等意外，因此，给长牙期的宝宝准备好专用安全的“磨牙工具”非常必要。

咀嚼期的
辅食添加方法

这个时期铁的重要性：

辅食变成一日三次，半数以上的能量和营养素都从辅食中摄取。由于这个时期母乳中的铁元素变得不足，因此，要更多地考虑到营养的均衡。此外，由于孩子已经能够灵活地运用舌头，因此，也是练习咀嚼能力的重要时期。“用手抓着吃”变得很频繁，孩子通过“用手抓着吃”来学习食物的感觉，尽量让孩子自由地抓着吃。

本阶段的发育特征：

咀嚼力更加发达

舌头的活动也更加活跃

孩子的舌头已经变得能够灵活地前后、上下、左右移动。而且，这个时期孩子开始长前齿了，懂得用前齿切断食物，并用牙床将食物磨碎。

这段期间需要注意的地方：

喝东西的时候嘴唇不会动，避免给孩子使用吸管和马克杯

有报告显示，婴幼儿如果长期只使用带吸管的杯子的话，舌头的发育会延迟，语言的发音也会受到影响。在一岁之前，请慢慢让孩子练习用水杯喝东西。

西兰花

自主饮食期的
辅食添加方法

含丰富矿物质、维生素的西兰花是宝宝首选

本阶段的发育特征：

嘴巴的活动更加发达，但是咀嚼能力尚未成熟

虽然能够很好地活动嘴巴咬食物，但是咀嚼的能力还很弱，因此，要注意食物的硬度。到这个时期的后半期，孩子的犬齿和第一颗乳臼齿也长出来了，就可以用前齿（上下各 4 颗）来咬断食物。

大部分的营养从辅食中摄入：

自主饮食期是进入幼儿饮食期之前的过渡时期。这个时期的孩子的内脏还没有成熟，进食的量也存在很大的个人差异，仅靠一日三餐的饮食并不能摄取到充足的营养，因此，在辅食之间要进食“补食”来补充容易缺乏的营养素。边吃边玩和用手抓着吃的情况也会变得更加频繁。边吃边玩的情况会一直持续到 2~3 岁，要抱着“现在是培养孩子的意欲的时期”的想法耐心对待。

这段期间需要注意的地方：

将孩子与大人的食物区分开来

注意味道的浓淡和硬度

虽然孩子已经能吃各种各样的食物，但是在将孩子的食物从大人的食物分拣出来的时候要注意要把味道稀释到两倍以上。由于这时孩子的咀嚼能力还比较弱，因此要根据月龄将食物做成合适的硬度和大小之后再给孩子吃。

妈妈与宝宝一起享受辅食阶段

从不顺利中吸取经验，从变化中寻找乐趣

对于辅食，有的小孩一开始很喜欢吃，也有一些小孩总是不爱吃，但这并不是什么大问题。婴儿之间存在着很大的个人差异，辅食的添加方法也需要因人而异。妈妈要根据孩子的步调进行调整，尤其是在宝宝的口唇饮食期容易变得有点神经质。母乳是营养的主体来源，所以制作辅食的时候可添加一点母乳，使得辅食的味道接近母乳，进一步诱导孩子进食母乳以外的食物。妈妈也需调整好自己的心态，充分去了解孩子的喜好，培养妈妈与孩子之间的亲子关系。

好的辅食基础，培养一个不挑食的好宝宝

每个婴儿都有属于自己的个性，饮食喜好不一样也是理所当然的。这阶段的孩子无法用语言来表达自己的想法，更多是用哭闹来表达情绪。虽然如此，但孩子的喜好会不断地变化，所以不要太过在意。即使遇到孩子不喜欢吃的食材，也要抱着“辅食就是对未知的挑战”的想法，一边期待一边改变搭配，变换烹调方式来进行尝试。不良的情绪是会传染的，妈妈累积的压力是会传给孩子的，因而坚持不懈地持续下去非常重要，好的基础可以排除掉不良的饮食习惯。

Part

6 月开始的
辅食之旅

妈妈要注意的问题

辅食添加需要注意的问题

宝宝出生后的第 6 个月，宝宝体内的铁、钙、叶酸和维生素等营养元素会相对缺乏。为满足宝宝成长所需的各种营养，从这一段时期起，妈妈就应该适当给宝宝添加淀粉类和富含铁、钙的辅助食物了。

而且宝宝到 7 个月的阶段生长发育迅速，应当让小宝宝尝试更多的辅食种类。在第 6 个月添加的果泥、菜泥和米糊的基础上，这个阶段可以再添加一些稀粥或汤面，还可以开始添加鱼、肉。当然，宝宝的主食还应以母乳或配方奶为主，辅食的种类和具体添加的多少也应根据宝宝的消化情况而定。

喂养小贴士

宝宝从吸吮进食到吃辅食需要一个过程。一开始，宝宝可能不适应辅食。新添加的辅食过甜、过咸、过酸，这对从未接触过辅食的宝宝来说也是一个挑战。所以，刚开始的时候，宝宝可能会拒绝新味道的食物。这时候妈妈应该弄清是宝宝没有掌握进食的技巧，还是他不愿接受这种新食物。除此，宝宝情绪不佳时也会拒绝吃新的食物，妈妈可以在宝宝情绪好时让宝宝多次尝试，慢慢让宝宝掌握进食的技巧，并通过反复的尝试让宝宝逐渐接受新的食物口味。

妈妈给宝宝喂辅食的时候，需要注意食物温度保持与室温一致或比室温高一点，这样，宝宝就会比较容易接受新的食物。

喂宝宝的勺子应大小合适，每次喂食时只给一小口；将食物放进宝宝嘴的后部，以便宝宝吞咽。另外，喂辅食时妈妈必须非常注意，千万不要把汤匙过深地放入宝宝的口中，以免引起宝宝作呕，从此排斥辅食和小匙。

宝宝的成长轨迹

1. 主要技能

这个月的宝宝能准确地用手接触到物体，看到不爱吃的饭会把饭碗打翻。

2. 粗大运动技能

这个月的宝宝可以坐在地上或者高脚椅上；能扶着东西站着，保持平衡；能从俯卧翻到仰卧，并能把双手从胸部抽出来；俯卧时会摇摆，像飞机一样晃动，还能做出类似俯卧撑的动作，胸和部分肚子能够抬离地面；身体还能摇晃着向前爬一点，看东西时脖子能前伸，可以抓住自己的脚趾了。

3. 精细运动技能

这个月的宝宝能用一只手去够物体，能把玩具从一只手换到另外一只手，或者塞进嘴里，能自己玩积木。宝宝视觉和触觉越来越协调，看到什么东西都想去摸一摸。

4. 语言和社交技能

这个月的宝宝能发出“bababa”的声音引起大人关注；头还会转向说话的人，听到母亲或熟悉的人说话的声音就高兴，不仅仅是微笑，有时还会大声笑；会试着模仿音调的变化和手势，当你面对宝宝说话时，宝宝还会仔细注视你的嘴，并试图去模仿，会根据不同的需要发出不同的声音；这个月的宝宝可能还会显示出对固体食物的兴趣。

5. 认知思考技能

这个月的宝宝知道怎样的声音和动作能得到回应，在玩手的时候会露出好像作决定的表情；能辨认物体形状，在接触物体前会配合物体形状改变手的形状；当你给他吃药时，他会用手推开你的胳膊。

6. 宝宝喜欢的事情

这个月宝宝喜欢用脚踢东西；喜欢抓你的鼻子和头发；喜欢挤压玩具发出声音；喜欢坐在你的大腿上或者高脚椅上玩；喜欢跟大人玩简单的捉迷藏游戏。

第一周食谱举例

◎维生素 △蛋白质 ◻矿物质

餐次/周次	第1顿	第2顿	第3顿	第4顿	第5顿	第6顿
周一	母乳&配方奶	母乳&配方奶	◻大米汤（18页）	母乳&配方奶	/	母乳&配方奶
周二	母乳&配方奶	母乳&配方奶	◻大米汤（18页）	母乳&配方奶	/	母乳&配方奶
周三	母乳&配方奶	母乳&配方奶	◎◻玉米汁（21页）	母乳&配方奶	/	母乳&配方奶
周四	母乳&配方奶	母乳&配方奶	◎◻玉米汁（21页）	母乳&配方奶	/	母乳&配方奶
周五	母乳&配方奶	母乳&配方奶	◎◻玉米汁（21页）	母乳&配方奶	/	母乳&配方奶
周六	母乳&配方奶	母乳&配方奶	◎◻南瓜泥（26页）	母乳&配方奶	/	母乳&配方奶
周日	母乳&配方奶	母乳&配方奶	◎◻南瓜泥（26页）	母乳&配方奶	/	母乳&配方奶

第二周食谱举例

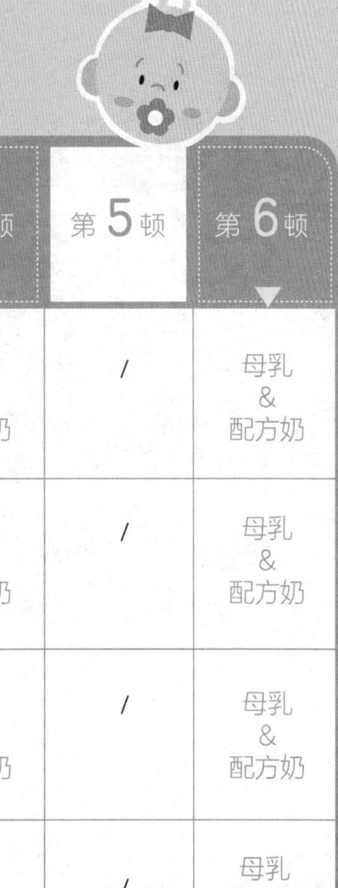

周次 \ 餐次	第1顿	第2顿	第3顿	第4顿	第5顿	第6顿
周一	母乳&配方奶	母乳&配方奶	南瓜泥（26页）	母乳&配方奶	/	母乳&配方奶
周二	母乳&配方奶	母乳&配方奶	红薯泥（27页）	母乳&配方奶	/	母乳&配方奶
周三	母乳&配方奶	母乳&配方奶	红薯泥（27页）	母乳&配方奶	/	母乳&配方奶
周四	母乳&配方奶	母乳&配方奶	红薯泥（27页）	母乳&配方奶	/	母乳&配方奶
周五	母乳&配方奶	母乳&配方奶	香蕉泥（28页）	母乳&配方奶	红薯米糊（22页）	母乳&配方奶
周六	母乳&配方奶	母乳&配方奶	香蕉泥（28页）	母乳&配方奶	红薯米糊（22页）	母乳&配方奶
周日	母乳&配方奶	母乳&配方奶	香蕉泥（28页）	母乳&配方奶	红薯米糊（22页）	母乳&配方奶

小宝宝
每月食谱范例

6月

汤、水、泥、糊是辅食进化的过程
妈妈们的辅食制作之路加油哦！

花菜汁

草莓米糊

香蕉泥

西红柿泥

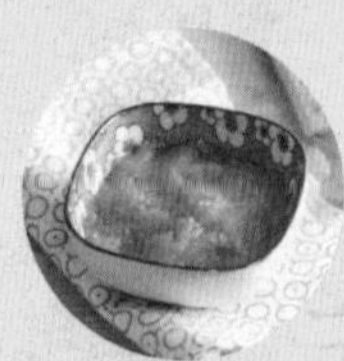

南瓜泥

1

大米汤

材料：水发大米 100 克

做法：

1. 取电饭锅，倒入大米，注入清水至水位线 1，拌匀。
2. 盖上盖，选择“米粥”功能，时间为 45 分钟，开始蒸煮。
3. 按“取消”键断电，盛出煮好的米汤，装入碗中即可。

专家叮嘱

米汤性平味甘，能滋阴长力，对宝宝有很好的补养作用，可以快速补充宝宝所需的能量。

青菜水

材料：油菜 50 克

做法：

1. 洗净的油菜切碎。
2. 锅中注入适量清水烧开，倒入青菜碎煮至熟软。
3. 将青菜捞出，用汤勺挤压出汁，滤出即可。

专家叮嘱

油菜清甜，而且容易入口，不容易引起过敏，可作为辅食添加的。

胡萝卜水

材料：胡萝卜半根

做法：

1. 胡萝卜洗净去皮，切成小块。
2. 锅中注入适量清水烧开，倒入胡萝卜块煮至熟软。
3. 关火盛出汤汁即可。

专家叮嘱

胡萝卜含有大量的胡萝卜素，这个月段的宝宝已经需要进食含维生素的食物来弥补奶水中不足的营养。

小米玉米汤

材料：小米 50 克，玉米粒 50 克

做法：

1. 玉米粒洗净，放入榨汁机中，加入适量温开水，榨取汁水。
2. 小米洗净，放入锅中，加水熬煮至粘稠状。
3. 倒入玉米汁，搅拌均匀，煮沸后倒入碗中即可。

专家叮嘱

小米含蛋白质、脂肪、铁和维生素等，消化吸收率高，是非常适合幼儿的营养食品。

玉米汁

材料：鲜玉米粒 80 克

做法：

1. 鲜玉米粒洗净备用。
2. 取榨汁机，倒入洗净的玉米粒和少许温开水，榨取汁水。
3. 锅置火上，倒入玉米汁，加盖，烧开后用中小火煮约 3 分钟至熟。
4. 揭盖，倒入杯中即可。

玉米营养丰富，富含多种维生素，是本月段宝宝补充维生素的首选食材之一。

花菜汁

材料：花菜 50 克

做法：

1. 将花菜洗净，掰成小朵，用盐水浸泡 5 分钟。
2. 锅中注入清水烧沸，放入花菜焯熟。
3. 取榨汁机，倒入花菜、适量温水，榨取汁水，断电，过滤出汁水即可。

宝宝吃花菜的好处多多，花菜质地细嫩、易消化吸收，对宝宝的成长发育有很大的益处。

红薯米糊

材料： 白米粥 60 克，红薯 20 克

做法：

1. 将白米粥加水，搅拌成米糊。
2. 将红薯皮削厚些，切成适当大小，放入锅里蒸熟并捣碎。
3. 加热白米糊，放入红薯泥，用小火煮，搅拌均匀即可。

专家叮嘱

红薯含有膳食纤维、胡萝卜素、维生素 A、维生素 B、维生素 C、维生素 E 以及钾、铁、铜、硒、钙、等 10 余种微量元素，营养丰富味道可口，适合给幼儿食用。

花菜苹果米糊

8

材料： 白米糊 60 克，花菜 35 克，苹果 20 克

做法：

1. 花菜洗净后，取花蕾部分，放入沸水中焯熟，碾碎成泥备用。
2. 苹果洗净去皮，磨成泥备用。
3. 加热白米糊，然后放入花菜泥和苹果泥，稍煮片刻倒出即可。

专家叮嘱

辅食初期更多以蔬菜米糊、水果米糊为主，单一进阶到复合果蔬汁，帮助宝宝对味觉的探索。

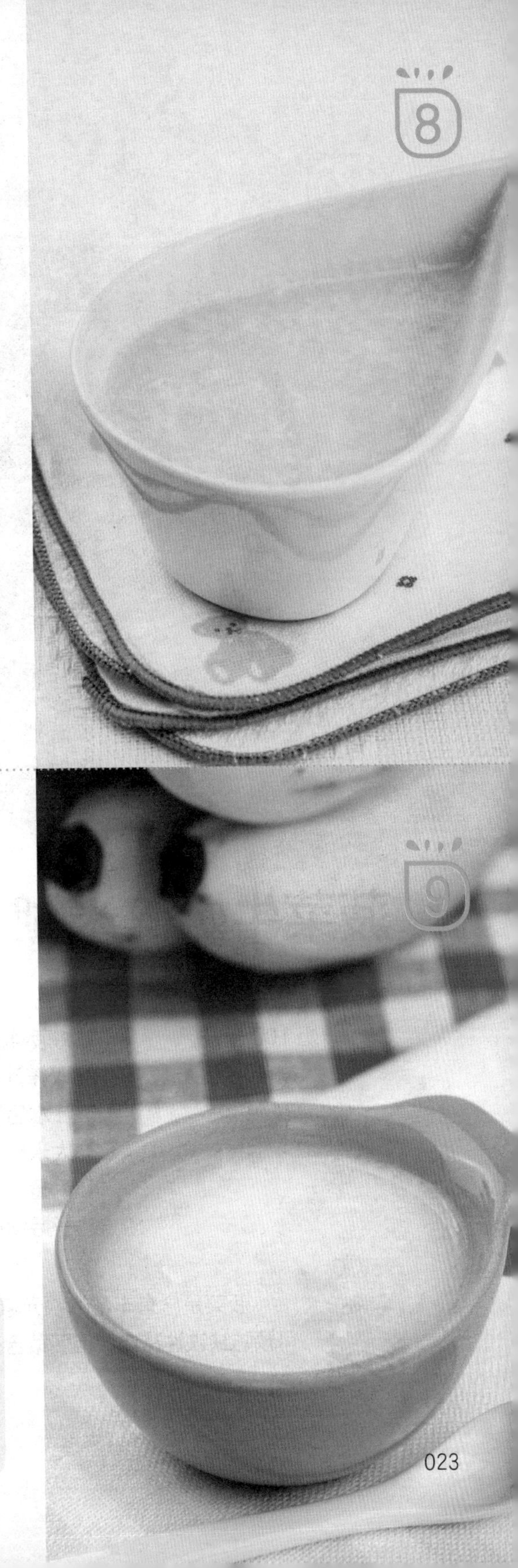

香蕉牛奶米糊

9

材料： 白米糊 60 克，香蕉 15 克，牛奶（配方奶）45 毫升

做法：

1. 将白米糊倒入锅中，加入牛奶，用小火熬煮。
2. 香蕉去皮、磨成泥。
3. 放入步骤 1 中一起搅拌均匀，再加热一次即完成。

专家叮嘱

香蕉富含 B 族维生素，与牛奶搭配，能促进维生素的吸收，适合宝宝食用。

菠菜牛奶碎米糊

材料：菠菜 80 克，牛奶 100 毫升，大米 40 克

做法：

1. 将菠菜洗净切成段，放入沸水中焯烫片刻后捞出。
2. 取榨汁机，放入菠菜段，加适量温开水，榨取汁水后倒出备用。
3. 大米放入干磨杯中，将大米磨成米碎。
4. 锅置火上，倒入菠菜汁、牛奶、大米碎，用勺子持续搅拌 1 分 30 秒，煮成浓稠的米糊即可。

专家叮嘱

菠菜是含有丰富的铁元素，能促进宝宝生长发育，适量食用还可预防缺铁性贫血。但菠菜含有草酸，食用前记得先焯水处理。

草莓米糊

材料：白米糊 80 克，草莓 60 克

做法：

1. 草莓洗净，切成小块后研磨成泥。
2. 白米糊放入锅中加热，放入磨好的草莓泥，稍煮片刻即可。

草莓的营养对孩子来说是相对丰富的，草莓富含各种维生素和其他的微量元素，可以很好地增强抵抗力。

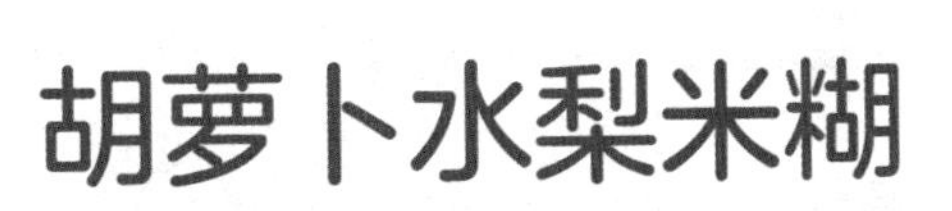

胡萝卜水梨米糊

材料：白米糊 60 克，胡萝卜 10 克，水梨 15 克

做法：

1. 水梨去皮和果核后，磨成泥。
2. 胡萝卜洗净、去皮后蒸熟，再磨成泥。
3. 加热白米糊，放入水梨泥和胡萝卜泥，再稍煮片刻即可。

胡萝卜富含维生素 A，能增强人体免疫力，促进宝宝生长发育。

南瓜泥

材料：南瓜 50 克

做法：

1. 南瓜去皮，洗净后切成丁。
2. 将南瓜放入蒸锅中蒸熟。
3. 取出，装入碗中，用勺子压成泥即可。

可以在南瓜泥中加入一些鸡汤，但鸡汤最好是自己煲煮的，这时候宝宝不能吃别的调味料，鸡汤是最好的调味配料。

牛奶苹果泥

材料：牛奶 100 毫升，苹果 50 克

做法：

1. 苹果洗净，去皮去核，切成小块。
2. 锅中注入适量清水烧沸，加入苹果块煮软。
3. 倒入牛奶，搅拌均匀。
4. 关火盛出即可。

专家叮嘱

苹果非常温和，不容易造成过敏，其丰富的营养价值更不在话下，所以开始添加果泥时，苹果是首选。

14

红薯泥

材料：红薯 1 个

做法：

1. 红薯洗净去皮，切成小块。
2. 将红薯块装入碗中，放入蒸锅中蒸熟。
3. 取出后放入碗中，捣成泥即可。

专家叮嘱

红薯含有丰富的膳食纤维，膳食纤维能起到调节肠内菌群的作用，更好地帮助宝宝肠道做运动。

15

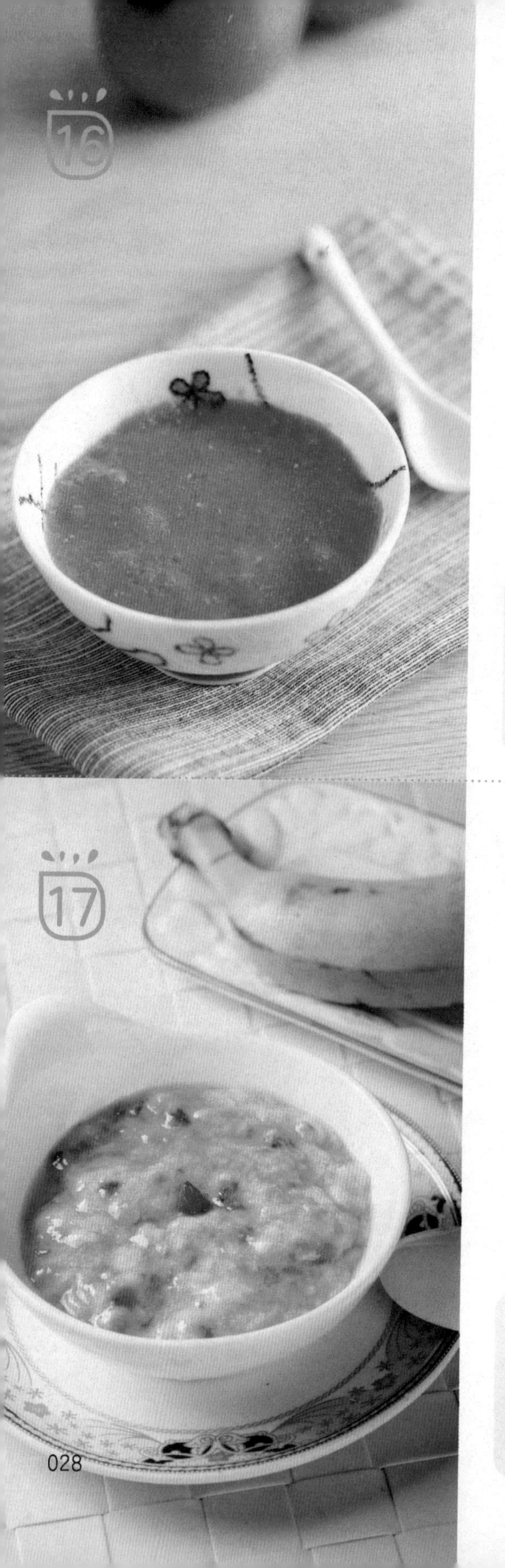

西红柿泥

材料：西红柿半个

做法：

1. 西红柿洗净，用开水汆烫片刻，去掉外皮。
2. 取半个西红柿，切成小块。
3. 取搅拌机，倒入西红柿块制成泥即可。

专家叮嘱

西红柿富含多种维生素，是天然的抗氧化食物，此外还能辅助改善人体消化道循环，帮助宝宝吸收。

香蕉泥

材料：香蕉 70 克

做法：

1. 洗净的香蕉剥去果皮。
2. 用刀碾压成泥状。
3. 取一个干净的小碗，盛入制好的香蕉泥即可。

专家叮嘱

香蕉香甜软滑，含多种微量元素和维生素，适量食用能增强身体抵抗力。

Part

7月
与泥泥糊糊相伴

妈妈要注意的问题

辅食添加需要注意的问题

刚开始添加辅食时，宝宝可能会比较喜欢，短时间内会食欲大增，但往后一段时间里食欲会突然减退，甚至连母乳或配方奶也不想吃。对于这种情况，排除疾病和偏食等因素，就应该尊重宝宝的意见。食欲减退与厌食不一样，可能是暂时的现象，不足为奇。妈妈过于紧张强迫宝宝吃，会增大宝宝的厌食心理，使食欲减退现象持续更长时间。如果宝宝真的出现了厌食现象，那妈妈就要找到宝宝不爱吃辅食的原因。

宝宝健康状况不佳时，如感冒、腹泻、贫血、缺锌、急慢性或感染性疾病等，往往会大大影响宝宝的食欲。这种情况下，妈妈应该请教医生进行综合调理。

有时候宝宝会因为妈妈添加的食物色、香、味不好而没有食欲。所以，妈妈在制作宝宝辅食时需要多花点一点心思，让宝宝的食物多样化，即使相同的食材也尽量多做些样式出来。

一些宝宝有时候在正餐前吃大量的高热量零食，特别是饭前吃甜点，虽然量不大，但宝宝血液中的血糖含量过高，没有饥饿感，所以到吃正餐的时候就根本没有胃口，过后又以点心充饥，造成恶性循环。所以，给宝宝吃零食不能太多，尤其注意不能让宝宝养成饭前吃零食的习惯。

宝宝的成长轨迹

到了宝宝第七个月，这时你的宝宝应该已经失去了舌头的推力反射（是指宝宝用舌头将食物往外推的一种反应），宝宝的的肚子也应该做好了处理这些食物的准备。大多数妈妈在 7~8 个月就开始慢慢提供固体食物给宝宝了。

在这个阶段，宝宝开始有很多流口水或对眼前的一切都想抓过来吃的迹象，每个妈妈看到时都会忍不住给宝宝喂一些吃的。

关于宝宝长牙：这时候是宝宝长牙的前期，大多数婴儿首先会长出门牙，所以这个时段的妈妈要做好宝宝长牙的准备。

喂养小贴士

从 7 个月起，宝宝的身体需要更多的营养物质和微量元素，母乳已经逐渐不能完全满足宝宝生长的需要，所以，依次添加其他食品越来越重要。除了书里前面介绍的几种辅食，这个阶段的宝宝还可以开始吃些肉泥、鱼泥、肝泥。其中鱼泥的制作最好选择平鱼、黄鱼、马鱼等肉多刺少的鱼类，这些鱼便于加工成鱼泥。

而第 7 个月的宝宝对各种营养的需求继续增长。鉴于大部分宝宝已经开始出牙，在喂食的类别上可以开始以谷物类为主要辅食，再配上蛋黄、鱼肉或肉泥，以及碎菜、碎水果或胡萝卜泥等。在做法上要经常变换花样，引起宝宝的兴趣。

妈妈特别要注意的问题

1. 大人不可以嚼碎食物给宝宝吃

为了让宝宝吃不易消化的固体食物，许多老人会先将食物放在嘴里嚼碎后，再用汤匙或手指送到宝宝嘴里，有的甚至直接口对口喂食。他们认为这样给宝宝吃东西更容易消化。实际上这是一种极不卫生、很不正确的喂养方法和不良习惯，对宝宝的健康危害极大，应当强烈禁止。

2. 宝宝食物过敏现象

这个时期宝宝的肠道还未发育完善，肠道的屏障功能还不成熟，食物中的某些过敏源会通过肠道进入体内，触发一系列的不良反应，从而引起食物的过敏。

宝宝食物过敏会出现的反应：食物过敏主要变出现在进食某种食物后出现皮肤、胃肠道和呼吸系统的症状。皮肤反应是食物过敏最常见的临床变现，如湿疹、丘疹、斑丘疹、荨麻疹等，甚至发生血管神经性水肿，严重的可能发生过敏性剥脱性皮炎。如果宝宝患有严重的湿疹，经久不愈，或在吃某种食物后明显加重，都应该怀疑是否有食物过敏的存在。

第一周食谱举例

◎维生素 △蛋白质 □矿物质

餐次 周次	第1顿	第2顿	第3顿	第4顿	第5顿	第6顿
周一	母乳 & 配方奶	母乳 & 配方奶	◎△□ 草莓藕粉羹 (44页)	母乳 & 配方奶	◎□ 南瓜羹 (48页)	母乳 & 配方奶
周二	母乳 & 配方奶	母乳 & 配方奶	◎△□ 草莓藕粉羹 (44页)	母乳 & 配方奶	◎□ 南瓜羹 (48页)	母乳 & 配方奶
周三	母乳 & 配方奶	母乳 & 配方奶	△□ 鱼蓉鲜汤 (44页)	母乳 & 配方奶	◎□ 草莓土豆泥 (43页)	母乳 & 配方奶
周四	母乳 & 配方奶	母乳 & 配方奶	△□ 鱼蓉鲜汤 (44页)	母乳 & 配方奶	◎□ 草莓土豆泥 (43页)	母乳 & 配方奶
周五	母乳 & 配方奶	母乳 & 配方奶	△□ 鱼蓉鲜汤 (44页)	母乳 & 配方奶	◎□ 南瓜羹 (48页)	母乳 & 配方奶
周六	母乳 & 配方奶	母乳 & 配方奶	◎□ 豌豆糊 (38页)	母乳 & 配方奶	△□ 鱼肉糊 (36页)	母乳 & 配方奶
周日	母乳 & 配方奶	母乳 & 配方奶	◎□ 豌豆糊 (38页)	母乳 & 配方奶	△□ 鱼肉糊 (36页)	母乳 & 配方奶

第二周食谱举例

周次＼餐次	第1顿	第2顿	第3顿	第4顿	第5顿	第6顿
周一	母乳&配方奶	母乳&配方奶	◎□ 豌豆糊（38页）	母乳&配方奶	◎△□ 草莓藕粉羹（44页）	母乳&配方奶
周二	母乳&配方奶	母乳&配方奶	△□ 豆腐糊（37页）	母乳&配方奶	◎△□ 草莓藕粉羹（44页）	母乳&配方奶
周三	母乳&配方奶	母乳&配方奶	△□ 豆腐糊（37页）	母乳&配方奶	◎□ 南瓜糯米糊（39页）	母乳&配方奶
周四	母乳&配方奶	母乳&配方奶	△□ 豆腐糊（37页）	母乳&配方奶	◎□ 草莓土豆泥（43页）	母乳&配方奶
周五	母乳&配方奶	母乳&配方奶	◎△□ 栗子红枣羹（49页）	母乳&配方奶	◎□ 草莓土豆泥（43页）	母乳&配方奶
周六	母乳&配方奶	母乳&配方奶	◎△□ 栗子红枣羹（49页）	母乳&配方奶	◎□ 南瓜羹（48页）	母乳&配方奶
周日	母乳&配方奶	母乳&配方奶	◎△□ 栗子红枣羹（49页）	母乳&配方奶	△□ 鱼肉糊（36页）	母乳&配方奶

7月

小宝宝每月食谱范例

渐渐添加更多的食材种类
要细心观察宝宝食用后的反应与喜好哦

银耳糊

奶香芝麻糊

鱼肉糊

南瓜羹

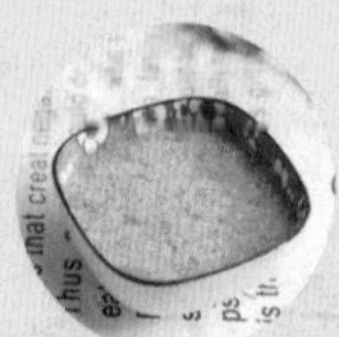
栗子红枣羹

1

小米芝麻糊

材料：水发小米 80 克，黑芝麻 40 克

做法：

1. 取杵臼把黑芝麻捣成末，装盘。
2. 砂锅中注水烧开，倒入小米烧开，改小火煮 30 分钟至熟。
3. 倒入芝麻碎，搅拌均匀，煮 15 分钟至入味，即可关火盛出。

专家叮嘱

小米口味清淡、营养价值较高。此外，小米中铁含量较高，非常适合宝宝多吃。

栗子奶糊

材料：板栗 10 克，牛奶 150 毫升

做法：

1. 板栗倒入榨汁机，将其打成汁。
2. 榨好的栗子汁倒入奶锅中，倒入牛奶。
3. 开小火加热至浓稠，倒入碗中即可。

板栗的营养价值很高，素有“干果之王”的美称，但是吃多容易胀气，给宝宝吃要注意量。

青菜糊

材料：米粉 20 克，青菜叶 3 片

做法：

1. 米粉倒入碗中，加沸水冲泡调好。
2. 将青菜叶洗净，放入沸水中煮软，捞出沥干。
3. 青菜切碎后加入煮好的米粉中，搅匀即可。

米粉是宝宝吃最多的辅食之一，加入富含维生素的青菜，营养更是丰富。

鱼肉糊

材料：鱼肉 50 克，淀粉适量

做法：

1. 将鱼肉切成 2 厘米见方的小块，放入开水锅中煮熟。
2. 除去鱼骨刺和皮，将鱼肉研碎。
3. 将鱼肉碎放入锅内加鱼汤煮，把淀粉用水调匀倒入锅内煮成糊状即可。

专家叮嘱

鱼肉富含蛋白质、EPA 和 DHA，给宝宝吃可以帮助其大脑发育。

银耳糊

材料：水发银耳 100 克

做法：

1. 泡发好的银耳切碎。
2. 锅中注入适量清水烧开，倒入银耳碎。
3. 中火煮至黏稠状，盛出即可。

专家叮嘱

银耳的营养确实很好，但是不容易煮烂，不易消化，最好不要给小孩吃整块的。

豆腐糊

材料：豆腐 20 克，排骨清汤适量

做法：

1. 把豆腐放入开水中焯一下捞出。锅置于火上，放入排骨清汤、豆腐，边煮边用勺子把豆腐研碎。
2. 煮好后把豆腐盛在干净的蒸布内，把豆腐慢慢从笼布中挤入碗中。
3. 然后把肉汤倒入，搅拌均匀即可。

豆腐是我们常见的豆制品，营养丰富，加上易咀嚼的特点，因此，非常适合宝宝食用。

奶香芝麻糊

材料：牛奶 100 毫升，芝麻 15 克

做法：

1. 将芝麻炒熟，放入破壁机中打成细末。
2. 牛奶煮沸后搅拌均匀，再放入芝麻末调匀即可。

芝麻含有极为丰富的铁、钙、蛋白质，经常给孩子吃点芝麻，对骨骼、牙齿的发育非常有好处。

8

芝麻香鱼糊

材料：海鱼肉 50 克，鱼汤、芝麻粉各适量

做法：

1. 先将海鱼肉切条，煮熟，除去骨刺和皮，研碎。
2. 再把鱼汤煮开，放入鱼肉泥、芝麻粉调匀即可。

专家叮嘱

芝麻含有极为丰富的铁、钙、蛋白质，经常给孩子吃点芝麻，对骨骼、牙齿的发育非常有好处。

9

豌豆糊

材料：豌豆 120 克，清鸡汤 200 毫升

做法：

1. 豌豆洗净，放入沸水中煮 15 分钟，捞出沥干。
2. 将豌豆与 100 毫升清鸡汤一起榨汁。
3. 把剩余的清鸡汤倒入汤锅中，加入豌豆鸡汤汁，搅散后小火煮沸即可。

专家叮嘱

豌豆适合与富含氨基酸的食物一起烹调，可以明显提高其营养价值。

浓香黑芝麻糊

材料：糯米 100 克，黑芝麻 100 克

做法：

1. 黑芝麻用小火炒出香味，倒入干磨机中磨碎；糯米在干磨杯内磨成粉。
2. 糯米粉加入沸水中，搅拌至黏稠状。
3. 分次倒入黑芝麻粉，搅拌至融合，拌匀至溶化即可。

专家叮嘱

黑芝麻可让宝宝头发乌黑靓丽，而且益智，但油大，不宜多食。

南瓜糯米糊

材料：水发糯米 230 克，南瓜 160 克

做法：

1. 洗净去皮的南瓜切小块，倒入豆浆机。
2. 放入洗净的糯米，注入适量清水。
3. 启动豆浆机，将榨好的米糊倒入碗中即可。

专家叮嘱

糯米性粘滞，给宝宝食用要以米糊的形式烹制，而且要做稀一些，以免难消化。

红薯红枣泥

材料： 红薯半个，红枣4颗

做法：

1. 红薯洗净去皮，切成小块。
2. 红枣洗净去皮去核，切成碎末。
3. 将红薯块、红枣末分别装入碗中，入锅蒸熟。
4. 取出后放入碗中，加适量温开水捣成泥即可。

红枣的维生素含量非常高，有“天然维生素丸”的美誉，能增强人体的免疫力，宝宝也可适量食用。

三文鱼泥

材料：三文鱼肉 120 克

做法：

1. 蒸锅上火烧开，放入三文鱼肉，用中火蒸约 15 分钟至熟，放凉待用。
2. 取一个干净的大碗，放入三文鱼肉，压成泥状即可。

专家叮嘱

未足岁的宝宝要适量添加，注意观察，有些宝宝吃海鲜会过敏。

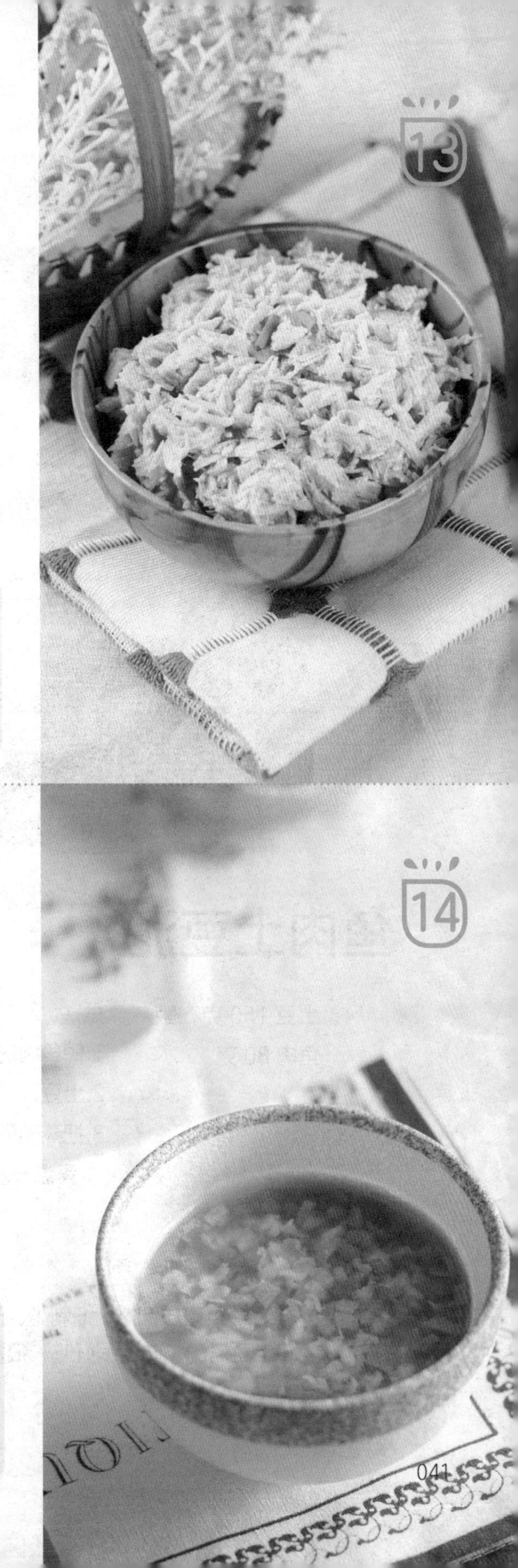

南瓜绿豆泥

材料：南瓜 100 克，绿豆 30 克

做法：

1. 南瓜洗净去皮，切成小粒。
2. 锅中注水，倒入南瓜粒，放入洗净的绿豆，煮开后转小火煮 1 小时成泥状即可。

专家叮嘱

绿豆既可治疗暑天小儿消化不良，又可治疗小儿皮肤病及麻疹，是很好的食材。

鱼肉土豆泥

材料：土豆 150 克，鲈鱼肉 80 克

做法：

1.鲈鱼肉洗净切片，土豆去皮洗净切片。

2.土豆片、鱼肉片分别装碗，入锅中蒸至熟透。

3.把蒸熟的鱼肉和土豆取出，放入榨汁机中，加适量温开水搅成泥状即可。

鲈鱼肉质细嫩，细刺少、无腥味，富含丰富的蛋白质和维生素，和土豆搭配，味道很好吃，很多宝宝都非常喜爱。

草莓土豆泥

材料：草莓 50 克，土豆 200 克

做法：

1. 土豆去皮、洗净，切成薄片。
2. 锅置于火上，注入适量清水，加土豆煮至熟软，捞出沥干。
3. 草莓压成草莓酱；土豆压成泥。
4. 将土豆泥、一半草莓酱搅拌均匀。
5. 淋入剩余草莓酱即可。

专家叮嘱

草莓中所含的胡萝卜素是合成维生素 A 的重要物质，具有明目养肝的作用。

牛奶白菜汤

材料：大白菜 50 克，牛奶 50 毫升

做法：

1. 大白菜去除老叶，洗净后切成小丁。
2. 将 100 毫升清水煮沸，倒入牛奶烧沸。
3. 放入白菜丁，拌匀，煮至白菜熟软即可。

专家叮嘱

大白菜富含蛋白质、多种维生素，具有通便清肠、消食健脾、提高免疫力等功效，有助于宝宝健康成长。

草莓藕粉羹

材料：草莓 50 克，藕粉 50 克

做法：

1. 把洗净的草莓切成小块，倒入榨汁机打成果汁。
2. 藕粉内倒入少许清水，搅拌片刻。
3. 锅中注水，再倒入草莓汁小火煮开，倒入藕粉，充分搅拌至浓稠即可。

藕粉的成分中含淀粉较多，同时也含有钙、铁等元素，宝宝可以食用，但不宜过多，易产生饱腹感。

鱼蓉鲜汤

材料：鱼肉 30 克，排骨清汤适量

做法：

1. 鱼肉洗净，去皮去骨，切成小块。
2. 用刀背敲成鱼蓉。
3. 锅置火上，倒入适量排骨清汤煮沸。
4. 倒入鱼蓉，煮沸后转小火煮熟即可。

宝宝可以多喝蔬菜汤、鱼汤，有化痰止咳的功效。

紫菜豆腐汤

材料：豆腐 30 克，紫菜 10 克

做法：

1. 豆腐切成小丁，紫菜漂洗干净，切碎。
2. 锅中注入适量清水烧沸，加入豆腐丁、紫菜碎，煮沸。
3. 转小火，煮至豆腐熟透，盛出即可。

紫菜含有丰富的蛋白质、维生素、钙等成分，与豆腐一起烹制，不仅味道鲜美，营养更是丰富。

香菇碎米汤

材料：香菇 1 朵，碎米适量

做法：

1. 香菇洗净去蒂，切成末。
2. 锅中注入适量清水烧沸，倒入碎米、香菇。
3. 加盖，大火煮沸后转小火煮 40 分钟，关火盛出汤汁即可。

大米能促使奶粉中的酪蛋白形成疏松而又柔软的小凝块，使之容易消化吸收。

菠菜牛奶浓汤

材料：菠菜100克，牛奶50毫升（配方奶）

做法：

1. 锅中注水烧开，放入菠菜，汆煮至断生。
2. 将菠菜捞出，放入冰水内浸泡片刻。
3. 冷却的菠菜细细切碎，待用。
4. 锅中倒入牛奶，再倒入菠菜碎末搅拌均匀即可。

专家叮嘱

菠菜含有多种维生素以及丰富的铁钙和纤维物质，是宝宝理想的营养食品。

黑芝麻山药羹

材料：黑芝麻 20 克，山药 30 克，糯米粉 10 克

做法：

1. 山药去皮切成小块；黑芝麻倒入锅中，干炒片刻。
2. 黑芝麻倒入干磨机中，打成粉末。
3. 锅中注入适量清水，倒入山药块，将其煮熟。
4. 加入糯米粉、芝麻粉，充分拌匀即可。

山药有健脾的功效，而且含有丰富的矿物质，宝宝吃山药可以促进食欲。

水果藕粉羹

材料：哈密瓜 150 克，苹果 60 克，藕粉 45 克

做法：

1. 苹果、哈密瓜洗净去皮切小块。
2. 苹果块、哈密瓜块放入锅中，加适量温开水稍微煮一下。
2. 藕粉加沸水调好，放入锅中搅匀即可。

藕粉含有钙、铁等元素，宝宝可以食用，但因为淀粉含量较高，不宜多吃，易产生饱腹感。

南瓜羹

材料：南瓜 50 克，排骨清汤适量

做法：

1. 南瓜洗净去皮，切碎。
2. 锅置于火上，倒入排骨清汤。
3. 边煮边将南瓜碎倒入，煮至稀软。
4. 关火盛出即可。

身体脾虚弱、营养不良的宝宝可多吃南瓜，甜甜的味道能很好地促进食欲。

甜瓜米糊

材料：甜瓜 30 克，米粉 50 克

做法：

1. 洗净的甜瓜切成小块，待用。
2. 米粉中加入少许温水，调和匀，倒入奶锅中。
3. 再注入少许清水，开大火煮开转小火续煮 20 分钟至浓稠。
4. 倒入备好的甜瓜，拌匀煮至熟即可。

甜瓜清凉消暑，婴幼儿可以食用，但甜瓜性凉，不宜吃得过多，以免引起腹泻。

栗子红枣羹

材料：栗子 100 克，红枣 30 克

做法：

1. 栗子去壳、洗净，煮熟之后去皮，切成末。
2. 红枣泡软，去核，切成末。
3. 锅中注入适量清水烧沸。
4. 倒入栗子、红枣，烧沸后小火煮 5 分钟即可。

凡有过敏症状的患儿，可以经常服用红枣，但要注意用量。

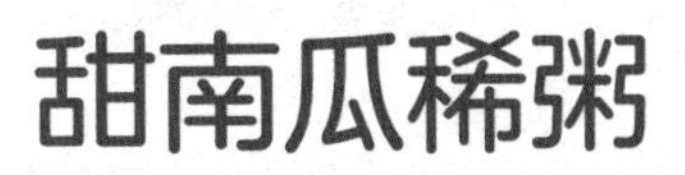

甜南瓜稀粥

材料：水发大米 100 克，南瓜 75 克

做法：

1. 南瓜切成小块，用中火蒸 20 分钟。
2. 将蒸熟放凉的南瓜碾成泥，装盘备用。
3. 砂锅注水烧开，倒入大米，加盖烧开后转小火煮 20 分钟至熟。
4. 再倒入南瓜泥，搅匀，使其与米粥混合均匀即可。

宝宝的稀粥应该事先将大米打磨研碎再熬制，宝宝才能更好地消化。

燕麦稀粥

材料：大米 50 克，燕麦 20 克

做法：

1. 大米倒入锅中，注入适量的清水。
2. 大火煮开后转小火煮 40 分钟。
3. 倒入燕麦，搅拌均匀后煮至燕麦软烂即可。

专家叮嘱

燕麦营养丰富，但比较难咀嚼，对于月龄比较小的宝宝，给宝宝添加辅食时，建议家长们打成糊状之后再给宝宝食用。

Part

8 月

尝试加入蛋黄

妈妈要注意的问题

辅食添加需要注意的问题

第 8 个月时，妈妈乳汁的质和量都已经开始下降，难以完全满足宝宝生长发育的需要，所以添加辅食显得更为重要。从这个阶段起，可以让宝宝尝试更多种类的食品。由于此阶段大多数宝宝都在学习爬行，体力消耗较多，所以应该供给宝宝更多的碳水化合物、脂肪和蛋白质类食品。

此时宝宝的消化酶已经可以充分消化蛋白质了，所需蛋白质含量为每千克体重每天需要 2.3 克，可以给宝宝多喂一点含蛋白质的奶制品，蛋黄也可以每日加入了。

宝宝的成长轨迹

8 个月的宝宝有哪些变化呢?

以下生理指标数据是 8 个月宝宝发育的正常均值范围，可帮您了解宝宝的发育状况。体重 8.07~8.7 千克，身高 68.35~69.95 厘米，头围 43.3~44.15 厘米，胸围 43.4~44.4 厘米，前囟 1 厘米 ×2 厘米，大部分孩子已经开始出牙，有些孩子已经出了 2~4 个上下门牙。

8 个月的宝宝不仅能独立，而且能从坐位躺下，扶着床栏杆站立，并能由立位坐下，俯卧时用手和膝部扒着能挺起身来，会拍手，会用手挑选自己喜欢的玩具，常常咬玩具，会独立吃饼干。

这月段妈妈的烦恼

宝宝 8 个月了，对于食物的好恶也逐渐地明显起来了。如果宝宝开始偏食，妈妈该怎么办?

变换形式做辅食：如果宝宝不喜欢蔬菜，给他喂蔬菜、卷心菜或胡萝卜时他就会用舌头向外顶。妈妈可以变换一下形式，比如把蔬菜切碎放入汤中，或做成菜肉卷让宝宝吃，或者挤出菜汁，用菜汁和面，给宝宝做面食，这样宝宝就会在不知不觉中吃进蔬菜。

如果宝宝实在不喜欢吃某种食物，也不能过于勉强。对于宝宝的饮食，在食后宝宝很久不思母乳，就说明辅食添加过多、过快，要适当减少。

发现宝宝有积食急需停喂：宝宝如出现消化不良现象，会出现呕吐、拉稀、食欲不振等症状；如果喂什么都把头扭开，手掌拇指下侧有轻度青紫色，说明有积食，要考虑停喂两天，还可到中药店买几包小儿消食片喂宝宝。

第一周食谱举例

◎维生素 △蛋白质 ▣矿物质

餐次 / 周次	第1顿	第2顿	第3顿	第4顿	第5顿	第6顿
周一	△▣ 蛋黄鱼泥（58页）	母乳&配方奶	◎▣ 碎米蛋黄羹（57页）	母乳&配方奶	◎△▣ 青菜肉末汤（57页）	母乳&配方奶
周二	◎△▣ 蛋黄鱼泥（58页）	母乳&配方奶	△▣ 碎米蛋黄羹（57页）	母乳&配方奶	△▣ 青菜肉末汤（57页）	母乳&配方奶
周三	△▣ 葡萄干土豆泥（58页）	母乳&配方奶	△▣ 小米南瓜粥（68页）	母乳&配方奶	◎△▣ 西红柿鳕鱼泥（56页）	母乳&配方奶
周四	△▣ 葡萄干土豆泥（58页）	母乳&配方奶	◎▣ 小米南瓜粥（68页）	母乳&配方奶	△▣ 西红柿鳕鱼泥（56页）	母乳&配方奶
周五	◎▣ 西红柿烂面条（65页）	母乳&配方奶	◎△▣ 甜红薯丸子（66页）	母乳&配方奶	△▣ 肉糜粥（60页）	母乳&配方奶
周六	△▣ 西红柿烂面条（65页）	母乳&配方奶	△▣ 甜红薯丸子（66页）	母乳&配方奶	◎▣ 肉糜粥（60页）	母乳&配方奶
周日	◎△▣ 绿椰蛋黄泥（69页）	母乳&配方奶	◎△▣ 油菜蛋羹（63页）	母乳&配方奶	△▣ 燕麦牛奶粥（61页）	母乳&配方奶

第二周食谱举例

餐次/周次	第1顿	第2顿	第3顿	第4顿	第5顿	第6顿
周一	△□ 鱼肉蛋花粥（64页）	母乳&配方奶	○□ 鱼肉土豆泥（72页）	母乳&配方奶	○△□ 清煮豆腐丸子（71页）	母乳&配方奶
周二	○△□ 鱼肉蛋花粥（64页）	母乳&配方奶	△□ 鱼肉土豆泥（72页）	母乳&配方奶	○△□ 清煮豆腐丸子（71页）	母乳&配方奶
周三	○△□ 板栗鸡肉粥（70页）	母乳&配方奶	○△□ 蛋黄豆腐羹（62页）	母乳&配方奶	△□ 南瓜小米粥（68页）	母乳&配方奶
周四	△□ 板栗鸡肉粥（70页）	母乳&配方奶	○□ 蛋黄豆腐羹（62页）	母乳&配方奶	△□ 南瓜小米粥（68页）	母乳&配方奶
周五	○△□ 西红柿鸡肝泥（59页）	母乳&配方奶	△□ 肉松鸡蛋羹（62页）	母乳&配方奶	○△□ 西红柿烂面条（65页）	母乳&配方奶
周六	△□ 西红柿鸡肝泥（59页）	母乳&配方奶	△□ 肉松鸡蛋羹（62页）	母乳&配方奶	○△□ 西红柿烂面条（65页）	母乳&配方奶
周日	○□ 西红柿鳕鱼泥（59页）	母乳&配方奶	△□ 葡萄干土豆泥（58页）	母乳&配方奶	○△□ 青菜肉末汤（57页）	母乳&配方奶

8月

小宝宝 每月食谱范例

这时候开始要给宝宝添加鸡蛋黄了
慢慢地过渡掉流质和半流质食物了

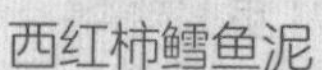
西红柿鳕鱼泥

蛋黄鱼泥

蛋黄豆腐羹

油菜蛋羹

鱼肉蛋花粥

西红柿鳕鱼泥

材料： 西红柿 50 克，鳕鱼 30 克

做法：

1. 鳕鱼肉洗净，切小块，去鱼刺，蒸熟后用辅食机打成泥。
2. 西红柿去皮切丁，放入辅食机打成泥。
3. 锅置火上，倒入西红柿泥、鳕鱼泥，炒匀盛出即可。

专家叮嘱

西红柿营养丰富，吃生的能补充维生素 C，吃煮熟的能补充抗氧化剂，可以适量给宝宝吃。

碎米蛋黄羹

材料： 碎米 25 克，鸡蛋 1 个

做法：

1. 碎米淘洗干净，用清水浸泡半小时。
2. 锅中注入适量清水烧沸，倒入碎米，煮至熟软。
3. 鸡蛋取蛋黄，倒入粥中。
4. 搅拌均匀，煮沸即成。

蛋黄中含丰富的蛋白质、多种维生素同时可以补充可以补充奶类中铁的匮乏。

青菜肉末汤

材料： 上海青 100 克，肉末 85 克

做法：

1. 锅中注水烧开，将上海青煮至断生。
2. 把煮好的上海青捞出，放凉后剁碎。
3. 用油起锅，倒入肉末，搅散，炒至转色。
4. 倒入清水，大火煮沸转小火，煮至食材软烂。
5. 倒入上海青、水淀粉，煮沸即可。

上海青含丰富的维生素和矿物质，能补充婴幼儿身体发育所需，有助于宝宝增强免疫力。

4

葡萄干土豆泥

材料：葡萄干 10 粒，土豆半个

做法：

1. 土豆洗净去皮，切成小块，放入蒸锅中蒸熟后捣成泥。
2. 葡萄干用温水泡软，切碎。
3. 锅中注适量清水煮沸，倒入土豆泥、葡萄干拌匀。
4. 煮沸后转小火煮 3 分钟，盛出即可。

专家叮嘱

葡萄干含有丰富的维生素，但是要注意量，开始吃的话要细细捣烂。

5

蛋黄鱼泥

材料：鸡蛋 1 个，鳕鱼 20 克

做法：

1. 鱼肉洗净去刺，用料理机打成泥。
2. 鸡蛋取蛋黄，打散备用。
3. 鱼泥放入锅中，加适量清水，大火煮沸后转小火煮 5 分钟。盛出。
4. 蛋黄画圈方式缓慢倒入锅中，煮熟，盛出置于鱼泥上即可。

专家叮嘱

鱼肉富含蛋白质、氨基酸，但是制作时一定要清除鱼刺，以免伤到宝宝。

西红柿鸡肝泥

材料：西红柿 150 克，
鸡肝 100 克

做法：

1. 将西红柿去皮切小块，鸡肝切成小丁。
2. 西红柿、鸡肝倒入辅食机内，打成糊。
3. 将食材糊倒入锅中，小火加热煮沸后即可。

鸡肝含有丰富的锌和铁质，很适合宝宝吃，而且相比猪肝更为细腻，更容易被吸收。

肉糜粥

材料： 瘦肉 600 克，小白菜 45 克，大米 65 克

做法：

1. 将洗净的小白菜切成段。
2. 肉片放入绞肉机，搅成泥状，盛出备用。
3. 大米磨成米碎，盛入碗中。加水，调匀制备用。
4. 小白菜放入辅食机中，加适量水，榨汁，盛出备用。
5. 锅置火上，倒入小白菜汁，煮沸，加入肉泥拌匀。
6. 倒入米浆，用勺子持续搅拌 45 秒，煮成米糊。

专家叮嘱

牛肉营养丰富，蛋白质含量很高，氨基酸组成更适合人体的需求，而且含有较多的矿物质，可以很好地帮助宝宝生长发育。

燕麦牛奶粥

材料：燕麦片 50 克，奶粉适量

做法：

1. 奶粉冲好备用。
2. 锅中倒入少量清水，大火煮沸，倒入备好的燕麦片，搅散。
3. 转中火，煮约 3 分钟，至燕麦熟透。
4. 关火后盛出燕麦，倒入奶粉拌匀即可。

专家叮嘱

燕麦非常适合发育不良的婴幼儿，可以很好地提高宝宝的免疫能力，帮助消化，促进其他食物的吸收。

肉松鸡蛋羹

材料：鸡蛋 1 个，肉松 30 克

做法：

1. 取茶杯或碗，打入鸡蛋。
2. 注入 30 毫升清水，打散成蛋液。
3. 将蛋液放入蒸锅中，大火蒸 10 分钟。
4. 在蛋羹上放上肉松即可。

鸡蛋可以补充蛋白质、铁、钙、钾等多种宝宝发育需要的营养。

蛋黄豆腐羹

材料：豆腐 50 克，熟鸡蛋黄 20 克

做法：

1. 豆腐洗净，用勺背压成泥。
2. 锅中注入适量清水，倒入豆腐泥。
3. 熬煮至汤汁变稠，撒入压碎的蛋黄，稍煮片刻即可。

豆腐富含钙，但是有些宝宝对大豆蛋白过敏，七八个月宝宝可以少量添加尝试。

油菜蛋羹

材料：鸡蛋 1 个，油菜叶 100 克，芝麻油适量

做法：

1. 油菜叶择去老叶，切碎末。
2. 鸡蛋在碗中打散，加入油菜碎。
3. 蒸锅加清水煮沸，将蛋液放入蒸锅中。
4. 加盖，蒸 6 分钟左右即可。

专家叮嘱

油菜含有钙、铁、维生素 C 及胡萝卜素等多种营养素，有助于提高免疫力。

鱼肉蛋花粥

材料： 鳕鱼肉 40 克，大米 50 克

做法：

1. 鱼肉洗净去刺，剁碎。
2. 锅中注入清水烧沸，倒入洗净的大米。
3. 大火煮沸后转小火煮 40 分钟。
4. 倒入鱼泥，煮 10 分钟左右即可。

大米中所含淀粉颗粒小，口感柔软细腻，容易消化，比其他谷物更适合孩子的肠胃。

西红柿烂面条

材料： 西红柿 50 克，儿童面 50 克

做法：

1. 西红柿洗净，用热水烫一下。
2. 剥去西红柿皮，将西红柿捣成泥。
3. 锅中注入适量清水烧沸，放入碎面条。
4. 大火煮沸后放入西红柿泥，煮至面条熟软即可。

宝宝的面团一定要煮得非常柔软、好进食，配上酸甜的西红柿，让宝宝食欲大开，本道主食可以给没食欲的宝宝进食。

甜红薯丸子

材料：红薯 40 克，配方奶 80 毫升

做法：

1. 红薯洗净，去皮，蒸熟后压成泥。
2. 红薯泥中加入配方奶，搅拌均匀，揉成丸子状即可。

专家叮嘱

红薯蒸煮后，食物纤维增加，能有效刺激肠道的蠕动，促进宝宝排便

鸡蛋甜南瓜粥

材料：白米粥 60 克，
甜南瓜 20 克，
蛋黄 1 个

做法：

1. 南瓜洗净、去皮、去籽，蒸熟后，捣成泥。
2. 蛋黄打散备用。
3. 加热白米粥，放入南瓜泥继续熬煮。
4. 最后将打散的蛋黄拌入南瓜粥里，搅拌均匀，煮熟后即可。

专家叮嘱

南瓜中含有较丰富的无机盐和微量元素，对维持肌体健康具有极其重要的作用。

南瓜小米粥

材料： 白米粥 30 克，小米粥 30 克，甜南瓜 20 克

做法：

1. 白米粥和小米粥加水，一起熬煮成稀粥。
2. 将甜南瓜去皮后，剁碎备用。
3. 将甜南瓜加入煮好的粥里，稍煮片刻即可。

专家叮嘱

小米富含矿物质元素、蛋白质和 B 族维生素，维生素 B_1 的含量为粮食之首，宝宝在生长发育期间需要补充大量的优质蛋白。

绿椰蛋黄泥

材料：西蓝花 30 克，
熟蛋黄 1 个

做法：

1. 焯烫西蓝花后，沥干水分，取花蕾部分切碎，将西蓝花水留下备用。
2. 捣碎熟蛋黄。
3. 将西蓝花和碎蛋黄拌匀,倒入西蓝花水调匀即可。

专家叮嘱

西兰花富含蛋白质、碳水化合物、煮熟后软嫩易嚼、味道鲜美，非常适合宝宝食用。

板栗鸡肉粥

材料：白米粥 60 克，鸡胸肉 10 克，板栗 2 个

做法：

1. 鸡胸肉切薄片，汆烫后捞出剁碎，汤汁备用。
2. 将板栗煮熟后去皮，再磨成泥，备用。
3. 加热白米粥后，放入鸡肉、鸡肉汤和板栗，搅拌均匀即可。

专家叮嘱

鸡胸肉中的营养丰富，蛋白质的含量是十分高的，而且还容易吸收，非常适合用于对宝宝的辅食添加。

清煮豆腐丸子

材料：豆腐 180 克，鸡蛋 1 个，面粉 30 克，

做法：

1. 把洗净的豆腐用打蛋器搅碎，鸡蛋取蛋黄，与豆腐混合搅散。
2. 倒入适量面粉，拌匀至起劲，制成面糊，取适量面糊捏成豆腐丸子。
3. 锅中清水煮开，倒入豆腐丸子，小火煮熟即可。

宝宝的丸子要松软，才方便进食，这道豆腐丸子荤素搭配，营养均衡，但是食用时要注意量，以免造成消化不良。

鱼肉泥

材料：鳕鱼 80 克，鸡蛋 1 个

做法：

1. 鳕鱼洗净，去刺切片，入锅蒸熟备用。
2. 鸡蛋放入水中煮熟，去壳，切成小块。
3. 将鳕鱼片、鸡蛋块一起放入辅食机中，搅打成泥即可。

专家叮嘱

很多家长会觉得鱼肉比较腥，需要加些料酒、生姜等，1 岁之前的辅食不要加各种调料，容易让宝宝养成重口的饮食习惯。

Part

9月的
小嘴咀嚼操

妈妈要注意的问题

咀嚼期开始加入三餐辅食

宝宝到了 9 个月，一般已长出 3~4 颗乳牙，同时具有一定的咀嚼能力和消化能力，这时除了早晚各喂一次母乳外，白天可逐渐停止母乳，每天安排早、中、晚三餐辅食。这个时候，宝宝已经逐渐进入断奶后期。

咀嚼饮食要注意

饮食上，可适当添加一些相对较硬的食物，如碎菜叶、面条、软饭、瘦肉末等，也可在稀饭中加入肉末、鱼肉、碎菜、土豆、胡萝卜、蛋类等，还可以增加一些零食，如在早、午饭之间增加点饼干、馒头片、面包、水果等食物。有一些宝宝由于进入断奶期，身体会有些不适应，出现大便干燥、口腔溃疡等现象。针对经常便秘的宝宝可以选择菠菜、胡萝卜、红薯、土豆等含纤维素较多的食物。过了 9 个月，宝宝在吃鸡蛋时不再局限于只吃蛋黄，可开始尝试喂整个鸡蛋。适量摄入动、植物蛋白，在肉类、鱼类、豆类和蛋类中含有大量优质蛋白，可以用这些食物煮汤，或用肉末、鱼丸、豆腐、鸡蛋羹等容易消化的食物喂宝宝。

进行咀嚼训练的时候，有哪些注意事项?

1. 不要错过孩子咀嚼训练的关键期，如果错过的话，再训练这个功能就比较困难了。

2. 给孩子提供的食物，颗粒的大小、软硬的程度要合适，注意循序渐进。

家长在给宝宝进行咀嚼训练的时候，要掌握好咀嚼的敏感期。另外不要操之过急，要有循序渐进的过程。

九个月宝宝不能吃的食物

1. 刺激性食物

刺激性食物如辣椒、姜、大蒜等，这些食物容易刺激宝宝的肠胃，导致宝宝身体不适。另外，进食刺激性食物容易使人上火，家长最好为宝宝准备清淡的饮食。

2. 整颗的坚果

花生、核桃、杏仁、开心果等都是常见的坚果，坚果营养丰富，宝宝进食后对身体有益，但要注意坚果需要压碎后，最好烹饪后才喂给宝宝，以免宝宝不懂咀嚼吞入整颗坚果，导致呛到或阻塞食道。

3. 重口味食物

太甜、太腻、太咸的食物不宜喂给宝宝，如肥肉、巧克力等，这些食品易引起消化不良，造成代谢失衡。

4. 水果类

容易引起过敏的水果，如芒果、菠萝、有毛的水果（如水蜜桃、猕猴桃），最好都不要给宝宝吃。

5. 零食类

很多家长会在这时期给宝宝们吃些零食，但以下这些零食不能给宝宝食用。

果冻：含有增稠剂、香精、着色剂、甜味剂等，这些物质吃多了会影响宝宝的生长发育和智力健康。

爆米花：含铅量很高，铅进入人体会损害神经、消化系统和造血功能。

泡泡糖：泡糖中的增塑剂含有微毒，其代谢物苯酚也对人体有害。

第一周食谱举例

◎维生素 △蛋白质 □矿物质

餐次 / 周次	第1顿	第2顿	第3顿	第4顿	第5顿	第6顿
周一	◎△□ 甜柿原味酸奶（82页）	母乳&配方奶	◎△□ 香葱菠菜鱼泥粥（81页）	母乳&配方奶	◎△□ 时蔬瘦肉泥（79页）	母乳&配方奶
周二	◎△□ 山药羹（94页）	母乳&配方奶	◎△□ 什锦蔬菜粥（88页）	母乳&配方奶	◎△□ 蓝莓山药泥（95页）	母乳&配方奶
周三	◎△□ 山药鸡蛋糊（102页）	母乳&配方奶	◎△□ 鸡蓉豌豆苗粥（86页）	母乳&配方奶	◎△□ 草莓香蕉奶糊（101页）	母乳&配方奶
周四	◎△□ 红薯炖水梨（104页）	母乳&配方奶	◎△□ 山药鲷鱼苋菜粥（84页）	母乳&配方奶	△□ 活力红糙米粥（86页）	母乳&配方奶
周五	◎△□ 五彩黄鱼羹（93页）	母乳&配方奶	◎△□ 丝瓜瘦肉粥（90页）	母乳&配方奶	◎△□ 西红柿牛肉粥（91页）	母乳&配方奶
周六	◎△□ 菜肉胚芽粥（85页）	母乳&配方奶	◎△□ 蘑菇蒸牛肉（103页）	母乳&配方奶	△□ 鸭蛋稀粥（94页）	母乳&配方奶
周日	◎△□ 牛油果紫米糊（98页）	母乳&配方奶	◎△□ 土豆豆豆粥（89页）	母乳&配方奶	◎△□ 菜肉土豆泥（82页）	母乳&配方奶

第二周食谱举例

周次 \ 餐次	第1顿	第2顿	第3顿	第4顿	第5顿	第6顿
周一	红薯炖水梨（104页）	母乳&配方奶	丝瓜瘦肉粥（90页）	母乳&配方奶	鲷鱼吐司浓汤（80页）	母乳&配方奶
周二	草莓香蕉奶糊（101页）	母乳&配方奶	活力红糙米粥（86页）	母乳&配方奶	鸭蛋稀饭（94页）	母乳&配方奶
周三	蘑菇蒸牛肉（103页）	母乳&配方奶	鲭鱼丝瓜米粥（83页）	母乳&配方奶	梨子糊（99页）	母乳&配方奶
周四	吐司玉米汤（95页）	母乳&配方奶	豌豆三文鱼芝士粥（85页）	母乳&配方奶	山药鸡蛋糊（102页）	母乳&配方奶
周五	核桃红枣羹（92页）	母乳&配方奶	苋菜红薯糊（100页）	母乳&配方奶	鸡肉糊（98页）	母乳&配方奶
周六	红薯炖水梨（104页）	母乳&配方奶	薏仁鳕鱼粥（92页）	母乳&配方奶	五彩黄鱼羹（93页）	母乳&配方奶
周日	老北京疙瘩汤（87页）	母乳&配方奶	五彩黄鱼羹（93页）	母乳&配方奶	鲷鱼吐司浓汤（80页）	母乳&配方奶

小宝宝每月食谱范例

长牙的宝宝需要开始训练咀嚼
家长也要准备好度过这时期的磨牙棒哦

五彩黄鱼羹

山药羹

鸡肉糊

山药鸡蛋糊

包菜素面

板栗牛肉粥

材料：水发大米 120 克，板栗、牛肉各 30 克，山楂 2 克

做法：

1. 牛肉去筋膜洗净，切成肉末备用。
2. 砂锅中注水烧热，倒入大米，烧开后用小火煮约 15 分钟。
3. 再倒入板栗，用中小火煮约 20 分钟至板栗熟软。
4. 倒入牛肉末，煮至熟透撒入山楂即可。

专家叮嘱

牛肉富含铁元素，是强身健体的好辅食。

时蔬瘦肉泥

材料：瘦肉 20 克，卷心菜 10 克，洋葱 10 克

做法：

1. 瘦肉、洋葱切碎；卷心菜洗净备用。
2. 将瘦肉和洋葱蒸至熟软。
3. 卷心菜放入滚水中，焯烫 1 分钟后捞起沥干切碎。
4. 将所有食材搅拌均匀即可。

卷心菜富含维生素 C、维生素 E、β－胡萝卜素等微量元素，对婴幼儿的身体发育有益。

芥菜猪肉粥

材料：白米饭 50 克，芥菜 20 克，猪绞肉 50 克，排骨清汤 100 毫升

做法：

1. 芥菜放入滚水中烫 1 分钟，捞起切碎。
2. 绞肉放入滚水中烫 3 分钟，去除腥味。
3. 将芥菜、猪绞肉、白米饭和排骨清汤一同放入锅中，炖煮 5~8 分钟即可。

芥菜量不能大，也不能生吃，一定要煮至全熟，以免宝宝食用后拉肚子。

鲷鱼吐司浓汤

材料：鲷鱼 20 克，吐司 1 片，西兰花 10 克，配方奶 30 毫升，蔬菜高汤适量

做法：

1. 西兰花洗净，放入滚水中焯烫 2~3 分钟；吐司去边后切丁；鲷鱼洗净。
2. 锅中放入蔬菜高汤煮滚后，加入西兰花、鲷鱼、吐司一同炖煮 10 分钟。
3. 倒入配方奶，拌至汤汁呈浓稠状即可。

鲷鱼添加给婴幼儿吃，要注意少量，食后观察宝宝有无过敏反应。

彩椒鲷鱼粥

材料：白米饭 50 克，甜椒 20 克，鲷鱼 50 克，洋葱 10 克，高汤适量

做法：

1. 甜椒去蒂和籽，切碎；洋葱切碎。
2. 锅中放入高汤煮滚后，加入所有食材一同炖煮 20 分钟。
3. 再放入搅拌机中搅拌均匀即完成。

为了促进宝宝的食欲，可以借用色彩的搭配，引起宝宝的兴趣。

鸡肉鲜菇蔬菜粥

6

材料：白米饭 50 克，鸡肉 50 克，花菜 20 克，菠菜 10 克，蘑菇 5 克，高汤 200 毫升

做法：

1. 花菜、菠菜、蘑菇洗净，放入滚水中焯烫 1 分钟，捞起沥干后切碎。
2. 鸡肉滚水中汆烫 5 分钟捞出切碎。
3. 锅中放入高汤、白米饭以及其他所有食材炖煮 8~10 分钟即可。

这是一道口感比较复杂的辅食，可以锻炼宝宝口腔小肌肉群，同时菌类可以提高宝宝抵抗力。

菠菜鱼泥粥

7

材料：白米饭 50 克，鲷鱼（去皮去刺）20 克，菠菜 20 克，蘑菇 10 克，高汤 150 毫升

做法：

1. 蘑菇洗净，切碎；菠菜放入滚水中焯烫 1 分钟，捞起沥干后切碎。
2. 将鲷鱼、菠菜、蘑菇、白米饭和高汤一同放入电锅中，蒸至熟软即可。

宝宝在吃菠菜前，最好用开水烫一下，这样可以除去菠菜中的草酸，降低出现结石的风险。

8

菜肉土豆泥

材料：绿豆芽 15 克，甜椒 10 克，土豆 30 克，猪绞肉 10 克

做法：

1. 绿豆芽去根，甜椒去籽，一起放入滚水中烫熟后捞起；土豆去皮后切块。
2. 猪绞肉放入滚水中，烫去血水后捞起。
3. 猪绞肉和土豆一同放入电锅内，外锅加 200 毫升水，隔水蒸至熟软。
4. 用搅拌机将所有食材打成泥即可。

专家叮嘱

豆芽含有大量的核黄素，可用来治疗口腔溃疡，能够补钙、铁，有益智、促进宝宝生长发育的功效。

9

甜柿原味酸奶

材料：甜柿 10 克，原味酸奶 60 克

做法：

1. 甜柿洗净，去蒂和皮，磨成泥。
2. 在原味酸奶中拌入甜柿泥即可。

专家叮嘱

柿子性凉，不能空腹食用，以免宝宝食后拉肚子。

丝瓜炖牛肉粥

材料：白米饭 50 克，丝瓜 20 克，牛肉 30克，胡萝卜15克，洋葱10克，玉米 10 克，高汤适量

做法：

1. 丝瓜去皮切丁；玉米、牛肉切碎。
2. 洋葱、胡萝卜洗净，去皮后切碎。
3. 将所有材料放入电锅中，外锅加 200 毫升水，隔水炖至熟软即可。

专家叮嘱

丝瓜有清暑凉血、解毒通便，夏季给宝宝多吃丝瓜，可以很好地去除暑气。

鲭鱼丝瓜米粥

材料：白米饭 50 克，丝瓜 10 克，鲭鱼 15 克，高汤适量

做法：

1. 鲭鱼放入滚水汆熟，捞出后去刺压碎。
2. 丝瓜洗净，去皮后切碎。
3. 将所有材料一同放入电锅中，外锅加 200 毫升水，蒸至熟软即可。

专家叮嘱

第一次给宝宝吃后要观察宝宝是否有过敏反应。

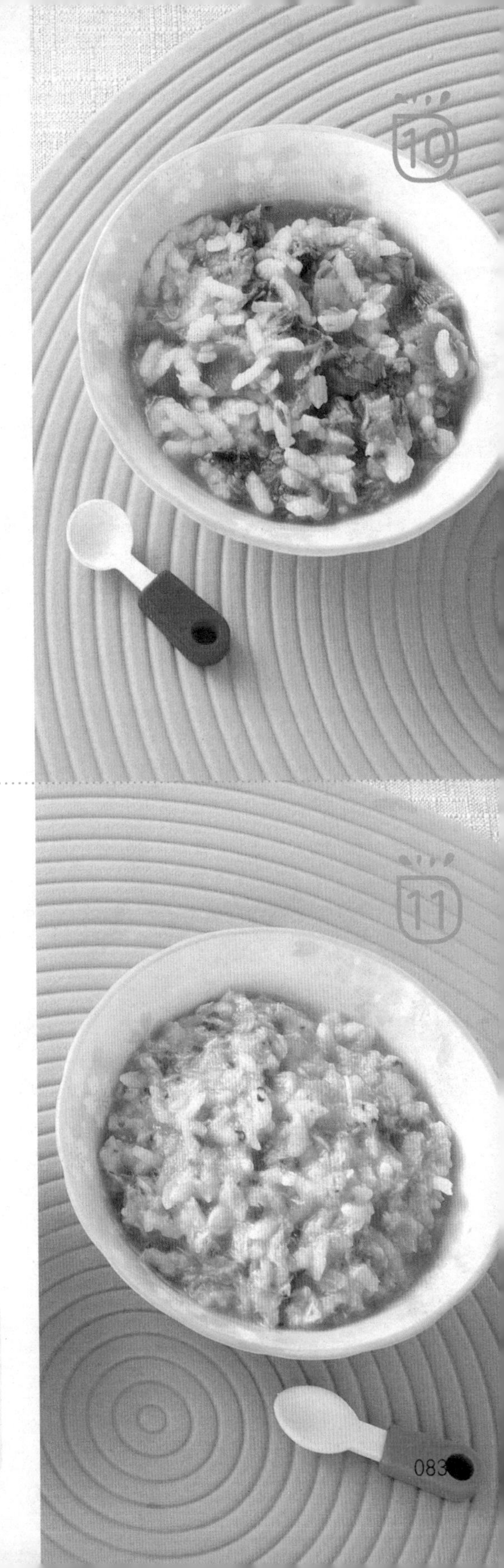

12

金黄鸡肉粥

材料：白米饭 50 克，木瓜 50 克，鸡柳 30 克，高汤适量

做法：

1. 木瓜洗净，去皮切丁；鸡柳洗净切碎。
2. 锅中放入高汤、白米饭、木瓜和鸡柳，炖煮 5~8 分钟即可。

专家叮嘱

第一次给宝宝吃木瓜的话，应该要少量，以防不适或消化不良。

13

山药鲷鱼苋菜粥

材料：白米饭 50 克，山药 10 克，鲷鱼 50 克，苋菜 30 克，高汤适量

做法：

1. 鲷鱼蒸至熟软，取出去刺捣碎。
2. 苋菜焯烫 1 分钟，切碎；山药切丁。
3. 锅中放入高汤、米饭、山药、鲷鱼碎，炖煮 8 分钟。
4. 放入苋菜，用大火煮滚 1 分钟即可。

专家叮嘱

山药好处多多，但是宝宝的肠胃还未发育完善，所以量上要节制。

豌豆三文鱼芝士粥

材料：白米饭 50 克，三文鱼 20 克，碗豆 10 克，胡萝卜 10 克，高汤 100 毫升

做法：

1. 豌豆切碎；胡萝卜去皮切丁。
2. 三文鱼放入电蒸锅中，蒸至熟软后，去皮和刺。
3. 锅中放入高汤、白米饭及其他食材，用中小火炖煮 8~10 分钟即可。

专家叮嘱

新鲜豌豆不仅蛋白质含量丰富，更包含人体所必需的各种氨基酸，能很好地帮助孩子健康成长。

菜肉胚芽粥

材料：胚芽饭 50 克，猪绞肉 50 克，小白菜 20 克，豌豆 20 克，高汤 200 毫升

做法：

1. 豌豆、猪绞肉、小白菜切碎，汆烫 3 分钟，打成泥。
2. 锅中放入高汤、胚芽饭和打成泥的食材，炖煮 20 分钟即可。

专家叮嘱

小白菜中膳食纤维和维生素的含量较高，对宝宝的肠道健康、视力发育和免疫力的提高都有帮助。

16

鸡蓉豌豆苗粥

材料：白米饭 50 克，豌豆苗 20 克，鸡胸肉 30 克，甜椒 10 克，高汤 200 毫升

做法：

1. 甜椒去筋去籽切碎；鸡胸肉汆熟切碎；豌豆苗焯烫 1 分钟，捞起沥干后切碎。
2. 锅中放入高汤、白米饭与其他所有食材，用小火炖煮 10 分钟即可。

专家叮嘱

豌豆苗含有多种人体必需的氨基酸，给宝宝吃的话一定要切碎煮烂。

17

活力红糙米粥

材料：糙米 10 克，白米 10 克，红凤菜 20 克，胡萝卜 20 克

做法：

1. 糙米与白米洗净，加适量的清水，放入烧开的电蒸锅中。
2. 胡萝卜切块，一同入电锅蒸至熟软；红凤菜洗净，焯烫后沥干切碎。
3. 所有食材放入搅拌机中打成泥即可。

专家叮嘱

吃糙米可以补充营养，提高身体免疫力，增强抵抗力，但是一定要炖得软烂，以免造成宝宝消化不良。

老北京疙瘩汤

材料：西红柿 180 克，面粉各 100 克，鸡蛋 1 个，食用油适量

做法：

1. 西红柿切小块。
2. 面粉中分次注入 15 毫升清水，拌匀成疙瘩面糊。
3. 用油起锅，放西红柿，翻炒半分钟至出汁。
4. 注入清水烧开，分次少量放入疙瘩面糊。
5. 鸡蛋打散，淋入锅中，搅匀，盛出装碗。

专家叮嘱

宝宝吃的面疙瘩要做得小而熟软，而且在给宝宝喂食时注意不要呛到。

什锦蔬菜粥

材料：白米粥60克，胡萝卜10克，红薯10克，南瓜10克，花生粉15克

做法：

1. 将红薯、胡萝卜和南瓜分别洗净、去皮、切块，蒸熟后磨成泥。
2. 锅中放入白米粥和胡萝卜、红薯、南瓜，煮滚后放入花生粉拌匀即可。

花生中含多种人体所需的氨基酸，其中赖氨酸可使儿童提高智力，给宝宝食用时一定要打成粉末。

豌豆土豆粥

材料：白米粥60克，土豆10克，豌豆5克

做法：

1. 土豆洗净，蒸熟后去皮，捣成泥。
2. 豌豆洗净，煮熟后去皮，捣碎。
3. 锅中放入白米粥加热后，加入土豆和豌豆熬煮，待粥变得浓稠即可。

宝宝吃土豆能够帮助消化、防止便秘，让宝宝的饮食更加均衡。

土豆粥

材料：白米粥 60 克，土豆 20 克，四季豆 3 个，排骨清汤 60 毫升

做法：

1. 土豆洗净，煮熟后去皮，磨成泥。
2. 四季豆洗净，焯烫后磨碎。
3. 锅中放入白米粥和排骨清汤煮滚，再加入土豆、四季豆，煮熟即可。

专家叮嘱

土豆能促进肠壁的蠕动，帮助消化，防止大便干燥，能很好地帮助宝宝的肠道做运动。

南瓜鸡肉粥

材料：白米粥 30 克，鸡胸肉 20 克，南瓜 20 克，排骨清汤适量

做法：

1. 鸡胸肉洗净、烫熟后剁碎；南瓜洗净、去皮，蒸熟后切碎。
2. 锅中放入白米粥和排骨清汤煮滚后，放入南瓜、鸡胸肉煮至浓稠即可。

专家叮嘱

鸡肉肉质软嫩，是高蛋白低脂肪的代表食品，搭配南瓜可让宝宝营养更均衡。

丝瓜瘦肉粥

材料： 丝瓜 45 克，瘦肉 60 克，水发大米 100 克

做法：

1. 去皮洗净的丝瓜切片，再切条，改切成粒。
2. 洗好的瘦肉切成片，再剁成肉末。
3. 锅中注入适量清水，用大火烧热。
4. 倒入水发好的大米，小火煮 30 分钟至大米熟烂。
5. 倒入肉末、丝瓜，拌匀煮沸。
6. 将煮好的粥盛出，装入碗中即可。

专家叮嘱

丝瓜能起到消夏、下火的作用，但由于丝瓜性寒凉，宝宝不宜进食过多。

蘑菇黑豆粥

材料： 白米饭 20 克，黑豆 5 克，蘑菇 20 克，南瓜 20 克

做法：

1. 蘑菇洗净剁碎；南瓜洗净，去皮和籽，切丁；黑豆洗净，泡水 30 分钟。
2. 锅中放入白米饭、黑豆和水一起熬煮。
3. 煮开后加入蘑菇和南瓜，煮熟即可。

宝宝吃黑豆一定要注意量，这个月段的孩子多吃容易上火。

西红柿牛肉粥

材料： 白米粥 60 克，牛肉 20 克，西红柿 50 克，土豆 50 克，排骨清汤适量

做法：

1. 牛肉剁成末；土豆蒸熟，磨成泥。
2. 西红柿汆烫后去皮，剁碎。
3. 白米粥和排骨清汤放入锅中，加入牛肉、西红柿、土豆熬煮，煮滚即可。

西红柿所含的苹果酸、柠檬酸等有机酸，有助于胃液对蛋白质的消化。

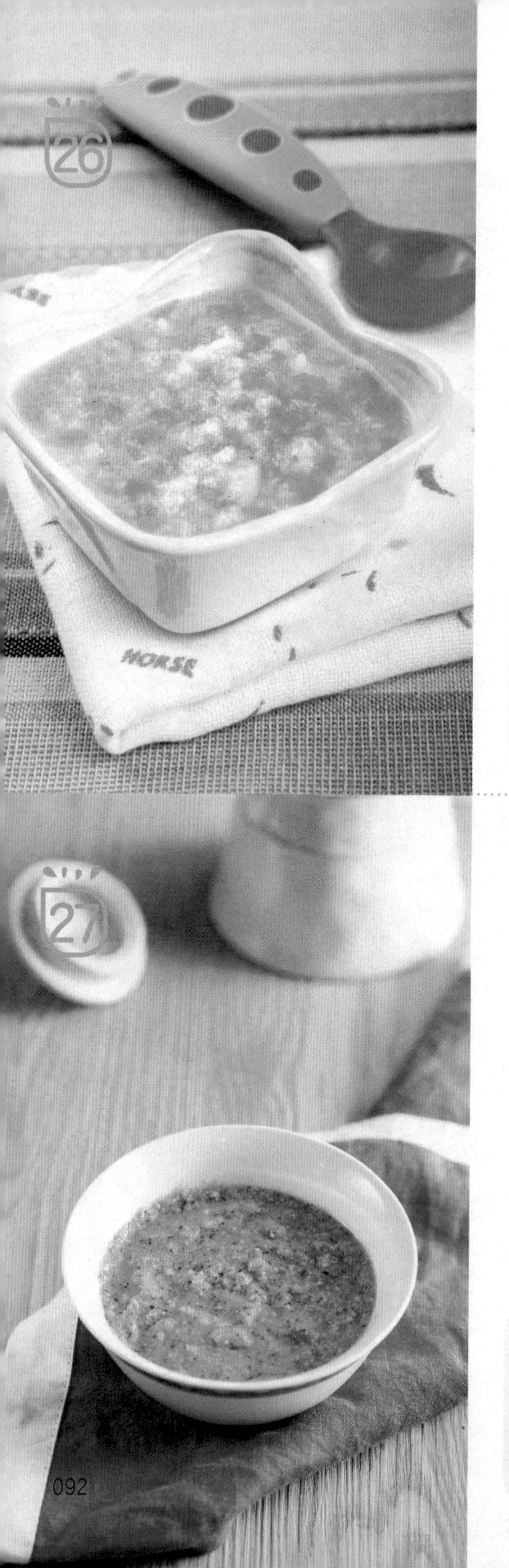

薏仁鳕鱼粥

材料：白米粥 60 克，鳕鱼 15 克，南瓜 10 克，薏仁 15 克

做法：

1. 薏仁洗净后放入搅拌机中打成粉状，也可使用现成的薏仁粉。
2. 鳕鱼和南瓜处理好后剁碎，和白米粥一起放入锅中煮滚。
3. 最后加入薏仁粉，搅拌均匀即可。

孩子食用的薏米粥一定要烂，否则导致宝宝消化不良就不好了。

核桃红枣羹

材料：核桃 30 克，红枣 50 克

做法：

1. 核桃去皮，切成末。
2. 红枣泡软后去核，切成末。
3. 锅中注清水烧沸，倒入核桃、红枣。
4. 同煮 5 分钟至熟即可。

婴幼儿可少量食用大枣，春天的时候宝宝容易过敏，多吃些红枣可提高免疫力。

五彩黄鱼羹

材料： 小黄鱼200克，西芹、胡萝卜、松子仁、香菇各50克，芝麻油各适量

做法：

1. 小黄鱼剔骨，切丁；西芹切丝；胡萝卜切丝；香菇切成丝。
2. 锅注油烧热，倒入放入西芹、胡萝卜、香菇炒香，加入适量清水。
3. 再放入松子仁、鱼肉，拌匀煮熟，滴入芝麻油，拌匀提香即可。

黄鱼含有丰富的蛋白质、微量元素和维生素，对婴幼儿有很好的补益作用。但注意吃鱼前要把鱼刺剔除。

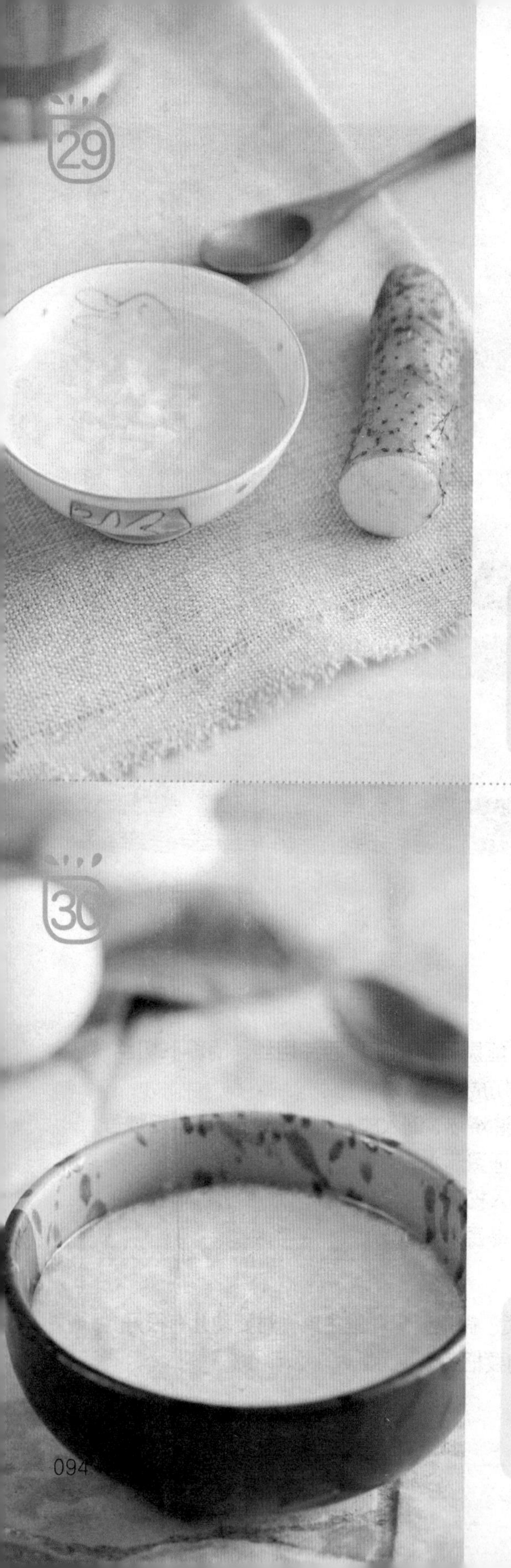

山药羹

材料：山药 50 克

做法：

1. 山药去皮洗净，切成小块。
2. 放入蒸锅中蒸熟，压成泥。
3. 锅置火上，倒入适量清水煮沸，放入山药搅拌均匀。
4. 用小火煮至羹状即可。

山药含有淀粉酶、多酚氧化酶等物质，有利于脾胃消化吸收功能，宝宝适量食用山药，可以帮助消化。

鸭蛋稀粥

材料：熟鸭蛋 50 克，大米 40 克

做法：

1. 鸭蛋去壳，切成小块，待用。
2. 大米倒入锅中，注入清水，搅拌均匀。
3. 大火煮开后转小火煮 40 分钟。
4. 揭盖，倒入鸭蛋，搅拌均匀，略煮片刻即可。

鸭蛋有清热、增强免疫力等功效，但是肠胃不好的宝宝要少吃，以免造成腹泻。

吐司玉米汤

材料： 吐司1/2片，花菜2朵，玉米粒30克，牛奶100毫升

做法：

1. 吐司去边，切成1厘米大小；玉米粒、花菜洗净，煮软后剁碎。
2. 锅中放入适量水和牛奶加热，再加入玉米粒、吐司和花菜，煮滚即可。

玉米含有玉米黄素，具有较强的抗氧化作用，含有丰富的氨基酸，能很好地提高宝宝免疫力。

蓝莓山药泥

材料： 山药180克，蓝莓酱15克

做法：

1. 山药切块，放入烧开水的蒸锅中，用中火蒸15分钟至熟后取出。
2. 把山药倒入备好的大碗中，先用勺子压烂，再用木锤捣成泥。
3. 放入山药泥，放上适量蓝莓酱即可。

山药有健脾益胃、助消化、强筋骨、安神的作用，幼儿食用山药还可辅助治疗腹泻、预防感冒。

紫米糊

材料：胡萝卜100克，粳米80克，紫米70克，核桃粉15克

做法：

1. 取榨汁机，倒入洗好的粳米、紫米，细磨成米粉。
2. 胡萝卜切小颗粒，放入沸水中煮3分钟。
3. 倒入米粉，搅拌匀，大火煮沸。
4. 用小火煮一会，即成米糊。
5. 关火后盛出锅中的食材，撒上核桃粉即可。

专家叮嘱

一般小孩需要营养丰富、均衡，各种食物都要适当进食，紫米粥也可以适当地吃，但是不建议每天吃。

红薯米糊

材料：去皮红薯 100 克，燕麦 80 克，水发大米 100 克

做法：

1. 洗净的红薯切成块。
2. 将燕麦、红薯、姜片、大米倒入豆浆机。
3. 注入适量清水，制成米糊。
4. 断电后将煮好的红薯米糊倒入碗中，晾凉后食用即可。

红薯对宝宝的发育和抗病力都有良好作用，有助于促进宝宝肠道益生菌的繁殖、提高机体的免疫力。

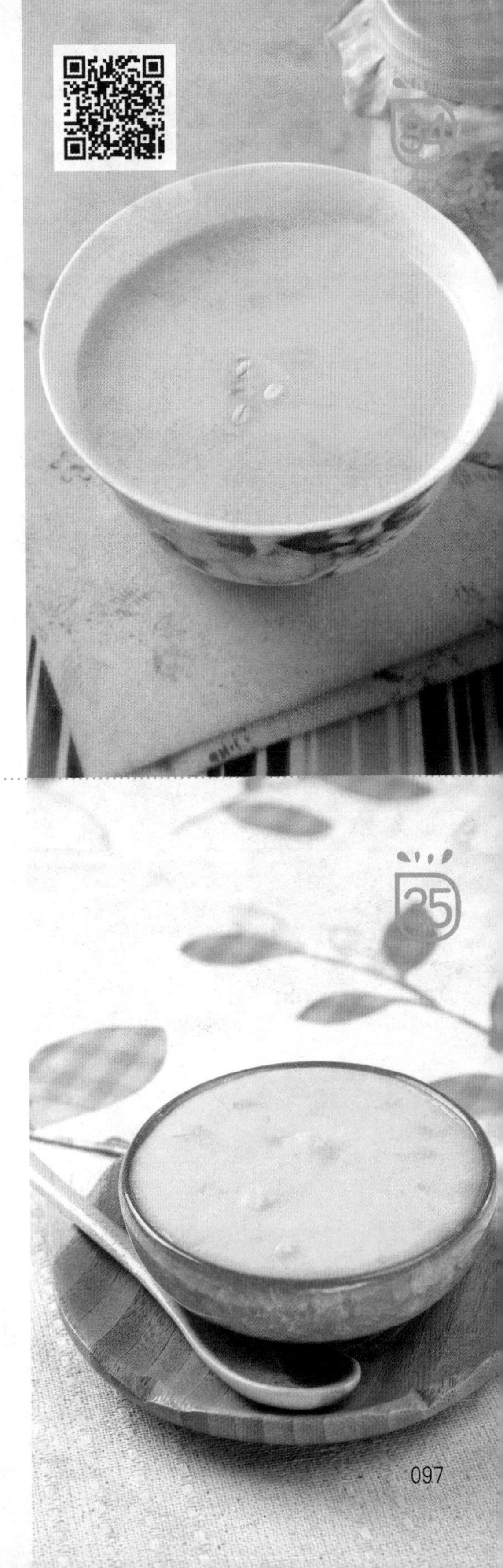

牛油果土豆米糊

材料：白米糊 60 克，牛油果 10 克，土豆 10 克

做法：

1. 土豆洗净、去皮后，蒸熟后捣成泥。
2. 牛油果洗净，去皮、去核，磨成泥。
3. 锅中放入白米糊和水，煮滚后加入土豆和牛油果，搅拌均匀即可。

牛油果含有大量对身体有益的健康脂肪，能够促进宝宝大脑发育。

牛油果紫米糊

材料：白米糊 30 克，紫米糊 30 克，牛油果 25 克

做法：

1. 牛油果洗净，去皮、去果核，磨成泥。
2. 锅中放入白米糊、紫米糊和水，煮滚后加入牛油果，搅拌均匀即可。

大米有益于婴儿的发育和健康，能刺激胃液的分泌，有助消化，并对脂肪的吸收有促进作用。

鸡肉糊

材料：鸡胸肉 30 克，粳米粉 45 克

做法：

1. 鸡胸肉切成泥，倒入奶锅中，再注入适量开水，煮至鸡肉转色后盛出。
2. 取榨汁机，倒入鸡肉泥榨成汁。
3. 奶锅中倒入鸡肉汁、粳米粉。
4. 用小火搅拌 5 分钟至鸡肉糊黏稠，滤入碗中即可。

鸡肉不但味道鲜美，而且易于吸收消化，给宝宝食用可以很好帮助宝宝成长。

香蕉糊

材料：去皮香蕉 40 克，糯米粉 30 克

做法：

1. 锅注水，加糯米粉，用中火搅至溶化。
2. 放入香蕉段，搅拌 3 分钟。
3. 将冷却的香蕉糊倒入榨汁机打成奶糊，过滤到奶锅中。
4. 用小火煮至香蕉糊黏稠即可。

专家叮嘱　软绵绵的香蕉味道清香，更重要的是香蕉不容易引起过敏，妈妈可以放心给宝宝食用。

梨子糊

材料：去皮梨子 30 克，粳米粉 40 克

做法：

1. 洗净去皮的梨子切碎，待用。
2. 锅注水，加粳米粉，用中火拌至溶化。
3. 放入梨子碎，煮至食材熟透入味。
4. 盛出梨子糊，用过滤网过滤到锅中。
5. 用小火煮 15 分钟至梨子糊黏稠即可。

专家叮嘱　梨子含果酸，宝宝食用后可帮助肠胃消化。

40

核桃糊

材料：米碎 70 克，核桃仁 30 克

做法：

1. 将米碎、核桃分别倒入榨汁机中，与适量清水一同榨取汁水。
2. 汤锅置于火上加热，倒入核桃浆、米浆，拌匀。
3. 用小火续煮片刻至食材熟透即可。

核桃富含 ω-3 脂肪酸，有辅助健脑益智的功效。

41

苋菜红薯糊

材料：红薯 40 克，红苋菜 10 克，配方奶 90 毫升

做法：

1. 红薯洗净，蒸熟后去皮，压成泥。
2. 红苋菜洗净，切碎。
3. 锅中放入红薯泥和配方奶拌匀后，加入红苋菜，煮滚即可。

苋菜虽然营养丰富，但是宝宝吃的时候要控制量，苋菜含有比较高的硝酸盐，不宜多吃。

草莓香蕉奶糊

材料： 草莓 80 克，香蕉 100 克，酸奶 100 克

做法：

1. 将洗净的香蕉切去头尾，剥去果皮，切成条，改切成丁。
2. 洗好的草莓去蒂，对半切开，备用。
3. 取榨汁机，倒入切好的草莓、香蕉。
4. 加入酸奶，榨取果汁。
5. 将榨好的果汁奶糊装入杯中即可。

专家叮嘱

草莓含有氨基酸、果糖、柠檬酸、胡萝卜素、维生素及钙、镁、磷、钾、铁等营养成分，具有促进生长发育、开胃消食等功效。

山药鸡蛋糊

材料：山药 120 克，鸡蛋 1 个

做法：

1. 山药洗净去皮，切成片后装入盘中，与鸡蛋一同放入蒸锅中蒸 15 分钟。
2. 将山药压烂，鸡蛋剥去外壳，取蛋黄。
3. 蛋黄放入装有山药的碗中，充分拌匀。
4. 另取一个干净的碗，装入拌好的山药鸡蛋糊即可。

婴幼儿吃鸡蛋要掌握好数量，一般每天吃一个即可。鸡蛋配以山药，营养更均衡。

牛肉糊

材料：泡开的白米 10 克，牛肉 10 克

做法：

1. 牛肉洗净，取瘦肉捣碎。
2. 锅中放入白米、碎牛肉和适量的水，一起翻炒，直至米粒变透明为止。
3. 再倒入适量的水，煮滚后改用小火慢炖，煮至熟软即可。

牛肉的营养非常丰富，充足的蛋白质很利于促进宝宝成长发育。

蘑菇蒸牛肉

材料： 牛肉 30 克，蘑菇 20 克，洋葱 20 克，鸡蛋 1 个，面包粉少许，洋葱汁 5 毫升

做法：

1. 所有食材洗净，分别处理后切碎。
2. 鸡蛋打散，取一半加入所有切碎的食材、洋葱汁、面包粉，搅拌均匀。
3. 做成圆球状，放入蒸锅中，蒸熟即可。

婴幼儿常吃蘑菇可以预防因缺乏维生素 D 而引起的血磷、血钙代谢障碍导致的佝偻病。

红薯炖水梨

材料：红薯 30 克，水梨 30 克

做法：

1. 将红薯、水梨洗净后，去皮切小丁。
2. 锅中放入红薯丁及水梨丁，加适量水熬煮至软烂即可。

红薯营养丰富，口感好，儿童多喜食，但要注意一次不要吃太多，否则会引起腹胀、打嗝、排气等不适。

Part

10 月后的 宝宝学习自己吃饭

妈妈要注意的问题

宝宝开始学习自己动手吃饭了

有人会问10个月的宝宝能干什么，你还让宝宝自己吃饭，不吃到满屋子都是啊？其实你说的也对。想让宝宝以后自己安静地吃饭，是要有一个过程的，要家长耐心、仔细观察，根据孩子的生长情况而定。宝宝的发育情况有早有晚，这个时候自己摸索也很重要。

当宝宝想着自己动手抓餐具，而且每次喂饭宝宝都抢夺你手中的餐具，这个时候，家长们可以准备两把勺子，一把给宝宝，另一把自己拿着，既可以让宝宝练习用勺子，也不耽误家长把他/她喂饱。一般来说，宝宝也就会拿着勺子敲敲打打。

等到宝宝的手、眼协调能力迅速发展，放手让宝宝自己尝试吧，尤其是出现以下迹象时，家长就可以着手教宝宝学习吃饭了，如宝宝开始用手抓饭了，知道自己抓吃的。家长唯一要做的就是收拾残局了，千万不要不让他自己动手哦，除非你愿意一直喂下去。

宝宝的成长轨迹

10月宝宝的食量已越来越接近大人了，存储食物的能力也基本完善了，每天应定时定量进食。如果宝宝饿了又未到进餐时间，可适当给他一点零食，但不能给太多，也不能经常给零食，母乳喂食要控制在2次以下。11月宝宝的早餐、午餐、晚餐的进食时间调节到与大人基本一致，宝宝午睡后可以让他吃一点点心，睡前如果觉得饿就喂一点牛奶，尽量不要喂母乳了。每天把400~500毫升的牛奶分两三次给宝宝喝已经足够满足宝宝的需要了。12月宝宝早午晚三餐的主食要保证有一到两碗的分量，辅食则适当添加，食物要全面均衡，不要让宝宝养成挑食的习惯。

10 个月宝宝的辅食以细碎为主

10 个月左右的宝宝处于婴儿期最后阶段，每天需要的营养有 2/3 来自辅食，所以辅食添加一定要丰富。此时的宝宝可以吃鱼、肉、蛋等各种食物了，而且宝宝一般长出 4~6 颗牙了，虽然牙少，但他已学会用牙床咀嚼食物，这个动作也可以促进宝宝牙齿的发育。此时宝宝的授乳量明显减少，辅食质地以细碎为主，不必制成泥糊状。这时的辅食应由细变粗，不应再一味地剁碎研磨。烂面条、肉末蔬菜粥就是不错的选择，同时可逐渐增加食物的量和体积，如此不但能锻炼宝宝的咀嚼能力，还能帮助他们磨牙，促进牙齿发育。

家长要知道

1 岁前的最后 3 个月是宝宝模仿能力最强的时期，应充分利用时间，鼓励宝宝多说话，多进行语言教育。宝宝在这个阶段会主动叫妈妈，此外还认识常见的人和一些物品。宝宝现在已经处于句子和词的发展萌芽时期了，因此，父母要掌握好这段语言能力发展的关键时期，多让宝宝认识物品，在指认物品的时候辅以语言的解说，让宝宝积累词汇。

宝宝健康成长是妈妈们最大的愿望，10 个月的宝宝身体有了显著变化，变得非常结实，对疾病的抵抗力也明显提高，宝宝新成长计划也在悄然展开中。

要合理荤素搭配。蛋黄隔日一个，不要吃蛋白，不要单独吃，放稀饭里或者米糊里。每顿饭放 3 种以上的菜，最好是 2 种荤菜、3 种蔬菜。建议上午吃蛋黄，下午吃鱼虾等。

适量添加蛋白质，红嘴绿鹦哥丝面非常适合 10 个月的宝宝。面内有蔬菜、骨汤等原料，所以含有的维生素、蛋白质营养元素和钙、铁、骨胶原等各种元素非常全面。孩子每天生长发育需要铁元素，应选择动物性辅食，如瘦肉、肝脏、鱼类等。

第一周食谱举例

◎维生素 △蛋白质 ▣矿物质

周次＼餐次	第1顿	第2顿	第3顿	第4顿	第5顿	第6顿
周一	◎▣西兰花土豆泥（128页）	母乳&配方奶	◎▣香菇稀饭（120页）	母乳&配方奶	◎△▣牛奶蛋黄粥（114页）	母乳&配方奶
周二	◎▣西兰花土豆泥（128页）	母乳&配方奶	◎▣香菇稀饭（120页）	母乳&配方奶	◎△▣牛奶蛋黄粥（114页）	母乳&配方奶
周三	◎△▣鳕鱼白菜面（124页）	母乳&配方奶	◎△▣西葫芦蛋饼（123页）	母乳&配方奶	◎△▣什锦豆腐汤（125页）	母乳&配方奶
周四	◎△▣鳕鱼白菜面（124页）	母乳&配方奶	◎△▣西葫芦蛋饼（123页）	母乳&配方奶	◎△▣什锦豆腐汤（125页）	母乳&配方奶
周五	◎△▣金针菇蛋饼（113页）	母乳&配方奶	△▣鸡肝酱香饭（121页）	母乳&配方奶	◎△▣黑芝麻小米粥（116页）	母乳&配方奶
周六	◎△▣金针菇蛋饼（113页）	母乳&配方奶	△▣鸡肝酱香饭（121页）	母乳&配方奶	◎△▣黑芝麻小米粥（116页）	母乳&配方奶
周日	◎▣香苹葡萄布丁（111页）	母乳&配方奶	△▣大米红豆软饭（120页）	母乳&配方奶	△▣牛奶蛋黄粥（114页）	母乳&配方奶

第二周食谱举例

餐次 周次	第1顿	第2顿	第3顿	第4顿	第5顿	第6顿
周一	◎水梨红苹 △果莲藕汁 □（127页）	母乳 & 配方奶	◎蔬菜煎饼 □（122页）	母乳 & 配方奶	◎核桃 △杏仁糊 □（129页）	母乳 & 配方奶
周二	◎南瓜豆 △腐汤 □（126页）	母乳 & 配方奶	◎红薯居然 △沙拉 □（110页）	母乳 & 配方奶	◎芋头香菇 △芹菜粥 □（112页）	母乳 & 配方奶
周三	◎黑芝麻小 △米粥 □（116页）	母乳 & 配方奶	◎香菇稀饭 △（120页） □	母乳 & 配方奶	◎鸡肝 △酱香饭 □（121页）	母乳 & 配方奶
周四	◎紫薯山药 □豆浆 （133页）	母乳 & 配方奶	△鱼蓉 □瘦肉粥 （118页）	母乳 & 配方奶	◎绿豆 △莲子粥 □（117页）	母乳 & 配方奶
周五	◎鲑鱼 △香蕉粥 □（119页）	母乳 & 配方奶	◎南瓜 △煎果饼 □（122页）	母乳 & 配方奶	◎什锦 △豆腐汤 □（125页）	母乳 & 配方奶
周六	△牛奶 □蛋黄粥 （114页）	母乳 & 配方奶	◎豆腐 △蔬菜堡 □（134页）	母乳 & 配方奶	◎奶汁 △小白菜 □（132页）	母乳 & 配方奶
周日	△绿豆 □莲子粥 （117页）	母乳 & 配方奶	◎排骨炖油 △麦菜 □（131页）	母乳 & 配方奶	◎红薯鸡肉 △沙拉 □（110页）	母乳 & 配方奶

10月

小宝宝每月食谱范例

宝宝已经可以自己训练吃饭了
家长要有更多的耐心给予陪伴与教育

奶香杏仁茶　鸡肝酱香饭　松茸鸡汤饭　什锦豆腐汤　核桃杏仁糊

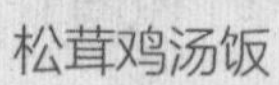

1

红薯鸡肉沙拉

材料：白薯 60 克，红心红薯 60 克，鸡胸肉 70 克，葡萄籽油适量

做法：

1. 白薯、红心红薯、鸡胸肉均切丁。
2. 锅中注入清水大火烧开，倒入红白薯丁、鸡肉丁，大火煮 10 分钟至熟。
3. 揭盖，淋少许油，拌至食材入味即可。

专家叮嘱

红薯营养丰富，口感好，儿童多喜食，但要注意一次不要吃太多，否则会引起腹胀、打嗝、排气等不适。

莲藕芋头糕

材料：莲藕 50 克，芋头 100 克，粳米 150 克

做法：

1. 粳米洗净泡水，放入冰箱冷藏一晚。
2. 芋头与莲藕刨丝，蒸至熟软。
3. 将粳米打成米浆后，用筛网过滤取汁。
4. 芋头与莲藕加入粳米浆中，以小火炖煮 5 分钟。
5. 再放入电锅内，蒸至熟软即可。

专家叮嘱

莲藕中含有黏液蛋白和膳食纤维，有一定健脾止泻作用，但是由于莲藕性寒，给宝宝食用要适量。

香苹葡萄布丁

材料：苹果 1 个，吐司 2 片，蛋黄 1 个，葡萄适量

做法：

1. 葡萄洗净；苹果切丁；吐司去边切丁。
2. 将葡萄和苹果一同放入搅拌机中搅打拌匀，并过筛取汁。
3. 将吐司与蛋黄放入锅中搅拌均匀。
4. 放入蒸锅，蒸至熟软，淋上果汁即可。

专家叮嘱

小宝宝容易出现缺铁性贫血，吃苹果对婴儿的缺铁性贫血有较好的预防作用。

4

莲藕玉米小排粥

材料：胚芽米、玉米各 50 克，莲藕 150 克，木耳 30 克，猪小排 200 克，枸杞少许

做法：

1. 胚芽米泡水浸软；莲藕去皮切丁。
2. 玉米煮熟切碎；木耳切碎。
3. 枸杞切碎；猪小排汆烫后捞起洗净，去骨碎末。
4. 将所有材料放入锅中煮至软烂即可。

专家叮嘱

由于莲藕性寒、偏凉，给宝宝食用要适量。

5

芋头香菇芹菜粥

材料：白米饭 50 克，芋头 50 克，胡萝卜 15 克，香菇、芹菜各 10 克，肉丝 20 克，食用油适量

做法：

1. 芋头、胡萝卜切丁；香菇去蒂切丁。
2. 芹菜保留叶子部分，切碎；肉丝切碎。
3. 锅内放油烧热，加入香菇、胡萝卜与肉丝炒至变色，放入芋头、白米饭、芹菜一起煮 20 分钟即可。

专家叮嘱

芹菜的纤维素比较多，孩子多吃能帮助消化，预防便秘。

芝麻叶鸡蓉粥

材料：白米饭 50 克，鸡胸肉 20 克，芝麻叶 30 克，金针菇 30 克，枸杞少许

做法：

1. 枸杞用温水泡开；芝麻叶洗净，放入滚水中氽烫 1 分钟，捞起切碎。
2. 鸡胸肉氽去血水后切碎；金针菇切碎。
3. 锅中白米饭与所有食材，一同炖煮 10~15 分钟即可。

鸡肉的蛋白质含量颇多，氨基酸的含量也很丰富，因此，可以弥补牛肉及猪肉的不足。

金针菇蛋饼

材料：金针菇 50 克，鸡蛋 1 个，食用油适量

做法：

1. 金针菇洗净，去根部，切碎。
2. 将鸡蛋打散，放入金针菇一同搅拌。
3. 锅中放少许油，倒入金针菇蛋液，两面煎熟即可。

金针菇中含锌量比较高，有促进儿童智力发育和健脑的作用。宝宝是可以吃金针菇的，但是不能吃太多。

玉米粥

材料：玉米粒碎 10 克，糯米 50 克

做法：

1. 锅中注入适量的清水烧开，倒入糯米、玉米粒碎。
2. 盖上锅盖，煮开后转小火焖煮 50 分钟，略微搅拌即可。

玉米与糯米富含膳食纤维，但是给宝宝吃一定要煮得非常软，以免不好消化。

牛奶蛋黄粥

材料：水发大米 130 克，牛奶 70 毫升，熟蛋黄 30 克

做法：

1. 砂锅中注水烧开，倒入洗净的大米，搅拌均匀。
2. 烧开后用小火煮 30 分钟至大米熟软。
3. 放入切碎的熟蛋黄，倒入牛奶，搅匀。
4. 拌至食材入味即可。

牛奶不宜早放，关火后加入可避免蛋白质被破坏。

奶香杏仁茶

材料： 杏仁100克，牛奶200毫升

做法：

1. 洗净的杏仁倒入榨汁机，注入适量清水，盖上盖。
2. 选择“榨汁”功能，打成杏仁汁。
3. 锅中倒入牛奶，煮开后倒入杏仁汁。
4. 盖上盖子，调至大火煮2分钟至沸腾即可。

专家叮嘱

杏仁含不饱和脂肪酸，对宝宝大脑发育有帮助，但妈妈们要注意量，不宜多吃。

黑芝麻小米粥

材料：小米 150 克，黑芝麻 30 克

做法：

1. 小米清洗干净；黑芝麻洗净晾干，研成粉末。
2. 锅内加清水，放在火上，加小米，用大火煮沸。
3. 转小火熬煮，至小米熟软。
4. 加黑芝麻粉拌匀即可。

专家叮嘱

小米含有其他粗粮中没有的胡萝卜素和 B 族维生素，有利于加强婴幼儿的消化功能。

绿豆莲子粥

材料：绿豆 50 克，莲子 20 克

做法：

1. 将绿豆、莲子洗净，用清水浸泡 30 分钟。
2. 锅中注入适量清水烧沸，倒入绿豆、莲子同煮。
3. 加盖，大火煮沸后转小火煮至熟软。
4. 揭盖，搅拌均匀，关火盛出即可。

莲心要弄出来，比较寒凉，宝宝的肠胃还比较脆弱，不适合吃。

黑芝麻核桃粥

材料：黑芝麻 15 克，核桃仁 30 克，糙米 120 克

做法：

1. 将核桃仁倒入木臼，压碎。
2. 汤锅中注水烧热，倒入糙米，拌匀。
3. 烧开后用小火煮 30 分钟至糙米熟软。
4. 倒入核桃仁，小火煮 10 分钟，撒上黑芝麻即可。

核桃富含矿物质，宝宝吃核桃可以促进骨骼发展，还可补充维生素 A，促进良好健康的视力形成。

鱼蓉瘦肉粥

材料： 鱼肉200克，猪肉120克，核桃仁20克，水发大米85克

做法：

1. 蒸锅上火烧开，放入鱼肉，用中火蒸15分钟。
2. 取出鱼肉，放凉，压碎，去除鱼刺。
3. 将核桃仁拍碎，切成碎末；猪肉剁成碎末。
4. 砂锅中注水烧热，加猪肉、核桃仁，大火煮沸。
5. 撇去浮沫，放入鱼肉、大米，拌匀。
6. 烧开后转小火煮至食材熟透，搅拌均匀即可。

专家叮嘱

猪肉性平，各种体质的孩子都可以吃，比较起来更适合消瘦的宝宝，较胖者要适当控制。

鲑鱼香蕉粥

材料：鲑鱼 60 克，去皮香蕉 60 克，水发大米 100 克

做法：

1. 香蕉切丁，鲑鱼切丁。
2. 取出榨汁机，将大米磨成米碎。
3. 锅中注入清水，加米碎煮至熟软。
4. 放入切好的香蕉、鲑鱼，煮熟即可。

专家叮嘱

香蕉一定要选择全熟的，青涩的香蕉可能会引起宝宝便秘。

面包水果粥

材料：苹果 100 克，梨 100 克，草莓 45 克，面包 30 克

做法：

1. 面包切丁；梨切丁；苹果切丁；草莓切丁。
2. 砂锅中注水烧开，倒入面包块，略煮。
3. 撒上梨丁、苹果丁、草莓丁，搅拌匀。
4. 用大火煮约 1 分钟，至食材熟软即可。

专家叮嘱

这道美味维生素丰富，适合再配上富含蛋白质的肉类，营养会更均衡。

17

香菇稀饭

材料：白米饭 40 克，鲜香菇、金针菇、胡萝卜、绿豆芽各 10 克，排骨清汤 90 毫升

做法：

1. 香菇、金针菇去根部，切 5 毫米大小。
2. 绿豆芽切小段，胡萝卜切小丁。
3. 锅中放入白米饭和排骨清汤煮开后，加入所有食材煮至熟软即可。

专家叮嘱

婴幼儿常吃香菇可以预防因缺乏维生素 D 而引起的血磷和因血钙代谢障碍导致的佝偻病。

18

大米红豆软饭

材料：红小豆 10 克，大米 30 克

做法：

1. 红小豆洗净，放清水中浸泡 1 小时；大米洗净备用。
2. 将红小豆和大米一起放入电饭锅内，加入适量水，大火煮沸。
3. 转中火熬至米汤收尽、红小豆酥软时即可。

专家叮嘱

红豆富含磷，常吃可补充磷，促进骨骼发育和牙齿发育；还含有丰富的钾元素，宝宝吃红豆可以补充钾。

松茸鸡汤饭

材料：白米饭 20 克，鸡肉 15 克，松茸 15 克，排骨清汤 120 毫升

做法：

1. 鸡肉和松茸洗净，烫熟后切成丁。
2. 锅中放入白米饭和排骨清汤煮成粥。
3. 再加入鸡肉和松茸，煮至熟软即可。

松茸富含蛋白质，具有维持钾钠平衡、消除水肿的作用，能提高免疫力，让宝宝身体更健康。

鸡肝酱香饭

材料：米饭 200 克，鸡肝 50 克，葡萄干、洋葱、食用油各少许

做法：

1. 洋葱洗净切碎，鲜鸡肝洗净切片。
2. 锅中放油，放入鸡肝煎至上色。
3. 倒入洋葱片翻炒，盛出备用。
4. 将葡萄干、米饭放入电饭锅中，再倒入鸡肝洋葱碎拌匀，加热 5 分钟即可。

鸡肝比猪肝更适合宝宝食用，可以给宝宝补充铁质，减少贫血等不良症状。

21

南瓜煎果饼

材料：白米饭 40 克，南瓜 30 克，磨碎的黑芝麻、核桃、杏仁各 15 克，面粉 30 克，鸡蛋 20 克

做法：

1. 南瓜蒸熟后切 1 厘米大小；鸡蛋打散。
2. 白米饭中加入南瓜、黑芝麻、核桃、杏仁混合均匀。
3. 压成星星形状，外层先裹上蛋液，再裹上面粉，煎熟即可。

专家叮嘱

南瓜的营养成分较全，是维生素 A 的主要供给源。南瓜含有胡萝卜素，人体吸收后可转化为维生素 A。

22

蔬菜煎饼

材料：胡萝卜、青菜各 100 克，面粉 200 克，鸡蛋 1 个，植物油适量

做法：

1. 胡萝卜切丝，青菜切丝，鸡蛋搅散。
2. 在面粉内加入蛋液、胡萝卜丝、青菜丝、水，搅拌成糊状。
3. 煎锅注油加热，倒入面糊，用小火摊成薄饼，煎熟后盛出切成小块即可。

专家叮嘱

宝宝吃的煎饼，不宜煎得太硬，面糊可以调得稀软一点。

西葫芦蛋饼

材料： 西葫芦200克，鸡蛋60克，面粉100克，芝麻油5毫升，食用油适量

做法：

1. 洗净的西葫芦对半切开，用擦丝板擦成丝，装入碗中备用。
2. 将西葫芦内汁水倒去，打入鸡蛋，搅拌匀。
3. 倒入芝麻油，分次加入面粉，充分搅拌均匀。
4. 热锅注油烧至七成热，倒入面糊，略煎至定型，将蛋饼翻面，将两面煎成金黄色，切小块即可。

专家叮嘱

西葫芦肉质柔软，且营养丰富又易消化吸收，宝宝是可以吃的，这里与鸡蛋一起摊制成饼，使宝宝营养更均衡。

鳕鱼白菜面

材料：面条 30 克，鳕鱼 20 克，大白菜 10 克，海带高汤适量

做法：

1. 鳕鱼洗净，蒸熟后去刺和皮，压碎；大白菜洗净，切小丁。
2. 面条切小段，放入滚水中煮熟后捞出。
3. 锅中放入高汤煮开后，再放入大白菜煮软，最后加入面条和鳕鱼拌匀即可。

宝宝吃的面条应该先做成碎面，无需加太多调味料，这样才容易被宝宝消化吸收。

25

胡萝卜瘦肉汤

材料：胡萝卜 40 克，猪瘦肉 30 克

做法：

1. 猪瘦肉、胡萝卜均洗净，切成丁。
2. 锅中注清水，放瘦肉、胡萝卜同煮。
3. 大火煮沸后转小火煮至熟烂。
4. 关火盛出即可。

孩子的辅食最好荤素搭配，能保证蛋白质与维生素一起摄入。

香甜翡翠汤

材料：香菇、西兰花各10克，鸡肉、豆腐各20克，鸡蛋50克

做法：

1. 香菇切丝；鸡肉切成粒；豆腐压成泥；西兰花洗净，用热水焯熟，切末；鸡蛋磕入碗中，搅拌均匀。
2. 锅注水煮沸，放入香菇、鸡肉，搅匀，倒入豆腐、西兰花、蛋液，加盖，焖煮3分钟拌匀即可。

香菇与西兰花含有丰富的矿物质，可增强宝宝的抵抗力，能让宝宝身体更健康。

什锦豆腐汤

材料：豆腐200克，猪血170克，木耳、香菇、葱末、榨菜末各适量，核桃油少许

做法：

1. 木耳切成碎，水发香菇切成片，豆腐切成小块，猪血切成块，待用。
2. 热锅注水煮沸，放入香菇粒、木耳碎。
3. 放入豆腐、猪血、榨菜、核桃油，煮至熟透盛碗，撒上葱末即可。

专家叮嘱

这道菜食材丰富，对于没有食欲的宝宝有很好的开胃作用。

南瓜豆腐汤

材料： 南瓜 30 克，豆腐 30 克，高汤 250 毫升

做法：

1. 南瓜洗净，去皮和籽，切成 1 厘米大小；豆腐洗净，切成 7 毫米大小。
2. 锅中放入高汤煮开，放入南瓜，煮至熟软。
3. 再加入豆腐煮开即可。

味噌可以促进孩子的食欲，所含的酵素可帮助孩子消化，减少腹胀。

蔬果五鲜汁

材料： 莲藕 10 克，马蹄 10 克，梨 10 克，苹果 10 克，西瓜 10 克

做法：

1. 将西瓜洗净取出籽；马蹄、莲藕去皮洗净；苹果、梨去皮和核。
2. 将所有食材放入搅拌机中，搅打均匀，再用滤网过滤杂质。
3. 取其汁，加入适量开水稀释即可饮用。

藕的淀粉含量比较高，与维生素含量一起的水果一起榨汁，给予孩子更均衡的营养。

水梨红苹果莲藕汁

材料：梨 50 克，苹果 50 克，莲藕 30 克

做法：

1. 梨、苹果切块；莲藕切块。
2. 将所有食材放入电锅中，加入适量水后，外锅加 200 毫升水，蒸至熟软。
3. 用筛网过滤掉食材与杂质，取其汁，待温凉后即可饮用。

梨有清热解毒、帮助消化的功效，宝宝可适当吃些，不宜过量，以免引起腹泻等不适。

豆腐蛋黄泥

材料：豆腐 100 克，鸡蛋 1 个，葱末适量

做法：

1. 豆腐洗净，放入开水中汆烫后，压成泥；鸡蛋煮熟后取出蛋黄，磨成泥。
2. 将豆腐泥和蛋黄泥混合均匀，加入适量葱末搅拌均匀即可。

蛋黄辅食继承了蛋黄的全部营养，又和其他食物搭配补充，营养均衡。

西兰花土豆泥

材料：西兰花 50 克，土豆 180 克

做法：

1. 锅中注清水烧开，放西兰花，小火煮 90 秒至熟。
2. 把煮熟的西兰花捞出，装入小盘中备用。
3. 将土豆切块，放入烧开的蒸锅中蒸至其熟透。
4. 把煮熟的土豆剁成泥；西兰花剁成末。
5. 将土豆泥、西兰花末装入碗中拌匀即可。

专家叮嘱

制作此道辅食时，也可将西兰花切成粒，这样能锻炼宝宝的咀嚼能力。

核桃杏仁糊

材料：杏仁 30 克，糯米粉 30 克，核桃 30 克

做法：

1. 杏仁、核桃倒入榨汁机，注入清水，打成坚果汁。
2. 砂锅中倒入清水，倒入糯米饭，煮开后倒入拌匀的汁液。
3. 调至大火煮 2 分钟至沸腾即可。

专家叮嘱

杏仁宜用北杏仁，榨汁前可先泡发，这样可以缩短榨汁机搅拌的时间。

南瓜糊

材料： 南瓜 900 克，葱碎 7 克，蒜末 17 克，蒸肉米粉 50 克，食用油适量

做法：

1. 洗净的南瓜去除瓜瓤、去皮，切小块。
2. 热锅注油烧热，放入蒜末，爆出香味，放入南瓜，翻炒均匀。
3. 注入清水，加盖焖煮 8 分钟，揭开锅盖，撒入蒸肉米粉搅拌均匀。
4. 将菜肴盛入备好的盅中，撒上葱花即可。

专家叮嘱

南瓜中含有磷、镁、铁、铜、锰、铬、硼等元素，营养很丰富，味道甜甜的，易于消化，非常适合幼儿食用，对小儿的健康也有极大的好处。

豆腐牛肉饭

材料：大米150克，牛肉80克，豆腐90克

做法：

1. 洗净的牛肉切碎，待用。
2. 砂锅倒入清水烧热，放入牛肉，搅匀。
3. 倒入大米搅匀，煮开后转小火续煮20分钟，放入豆腐并捣碎，加盖，续煮10分钟至食材熟软。

专家叮嘱

豆腐可以清肺润燥，还富含钙质，宝宝适量进食可促进骨骼成长。

排骨炖油麦菜

材料：排骨50克，油麦菜30克，葱5克

做法：

1. 葱洗净，一半切成葱段，一半切成葱丝；油麦菜切块；排骨剁成小块，与葱段一起放入水中炖汤，至排骨煮软。
2. 再加入油麦菜煮至熟软即可，撒上葱丝即可。

专家叮嘱

油麦菜营养丰富，含有大量的维生素、矿物质等多种营养成分，可以补充宝宝所需的各种营养。

奶汁小白菜

材料：小白菜 130 克，牛奶 30 毫升，无盐黄油适量

做法：

1. 洗净的小白菜切成段。
2. 热锅加黄油使其溶化。
3. 倒入小白菜，翻炒片刻至软。
4. 加入牛奶，继续用中火烧 3~5 分钟或至小白菜变软即可。

小白菜含有丰富的维生素和矿物质，能补充婴幼儿身体发育所需，有助于增强免疫力。

核桃粥

材料：核桃仁 10 克，大米 60 克

做法：

1. 核桃切碎，备用。
2. 锅中注水烧开，倒入洗净的大米。
3. 盖上盖，大火煮开后转中火煮 40 分钟，再加入核桃碎，再续煮 10 分钟即可。

宝宝吃核桃可促进骨骼发展，还可补充维生素 A，促进良好健康的视力形成。

紫薯山药豆浆

材料：山药 20 克，紫薯 15 克，水发黄豆 50 克

做法：

1. 山药、紫薯分别去皮，切成滚刀块。
2. 黄豆浸泡 8 小时，捞出沥干。
3. 将紫薯、山药、黄豆倒入豆浆机中。
4. 注入适量清水，启动榨汁机，制成豆浆即可。

紫薯有利于通便，但是吃多了容易胀气、不消化，所以婴幼儿要适量吃。

鸡肉卷心菜汤

材料：鸡胸肉 50 克，卷心菜 30 克，胡萝卜 10 克，豌豆 5 克，水淀粉 15 毫升，高汤、食用油各适量

做法：

1. 所有食材洗净，分别处理后切碎。
2. 锅中注油烧热，炒软卷心菜和胡萝卜。
3. 再倒入高汤熬煮，然后放入鸡肉和豌豆煮至熟软，最后放水淀粉勾芡即可。

卷心菜富含维生素 C、维生素 E、β－胡萝卜素等微量元素，对婴幼儿身体发育有益。

豆腐蔬菜堡

材料： 汉堡包 1 个，豆腐 60 克，牛肉 30 克，胡萝卜 20 克，洋葱 20 克，西红柿 10 克，食用油适量

做法：

1. 西红柿洗净，切圆片状；汉堡包对切。
2. 其余食材切碎，混匀，捏成圆形肉饼。
3. 锅中放少许油烧热，煎熟肉饼。
4. 汉堡中间夹入肉饼及西红柿片即可。

牛肉一定要烹制熟透，以免宝宝吃后拉肚子。

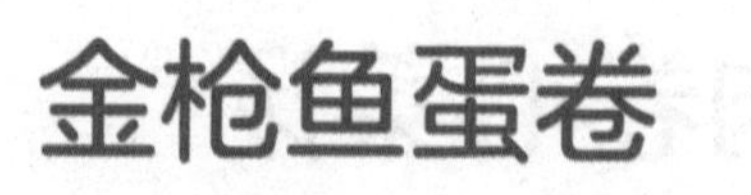

金枪鱼蛋卷

材料： 鸡蛋 1 个，金枪鱼 20 克，胡萝卜 10 克，菠菜 10 克，食用油适量

做法：

1. 所有食材洗净，分别处理后切丁。
2. 锅中放油烧热，将食材炒熟，盛起。
3. 锅底留油，将蛋煎成蛋皮。
4. 放入炒熟的食材，卷起来，切小段即可。

鱼肉富含蛋白质、EPA 和 DHA，宝宝常吃可以促进大脑成长。

Part

11 月开始
当个小大人

妈妈要注意的问题

制作什么样的辅食

宝宝11个月的时候，小牙越长越多，普遍长出了8颗乳牙，已经能够咀嚼较硬的食物了。这时候的宝宝正处于婴儿期的最后阶段，生长速度较之前虽有所下降，但宝宝的胃口也在开始逐渐增大，可以像个小大人一样尝试食用一些颗粒感较大的食物。宝宝也可以吃得更丰富，已经可以吃各种蔬菜、肉类、蛋类、豆制品等。最好不要只是吃水或泥状的食物了，这不利于宝宝发育咀嚼和吞咽能力，可以吃碎菜或颗粒状的其他食物，以促进咀嚼肌的发育、牙齿的萌出和颌骨的正常发育与塑形，以及胃肠道功能及消化酶活性的提高。除了食物的软硬度以外，对于宝宝的能量供给也不能忽视，因此，妈妈可以将辅食的种类从稠粥转为软饭，从烂面条转为小馄饨、馒头片，从菜末、肉末转为碎菜、碎肉等，在粥、饭中还可添加一些蔬果粒以增加食物的硬度。随着宝宝辅食种类的不断变化和逐渐增多，妈妈们是不是开始觉得，制作辅食其实一点都不麻烦呢！

宝宝的成长轨迹

11个月的宝宝，身高会长到68.8~80.5厘米，体重也会在7.2~11.9千克。除了身高体重生长的发育，体能特征也开始完善，这时宝宝已经能牵着家长的一只手走路了，并能扶着推车向前或转弯走；还会穿裤子时伸腿，用脚蹬去鞋袜。除此之外，宝宝的智力特征也有了一定的变化：他会观察物体的属性，逐渐有了大小、高低等概念；会辨认图片中的动物，也开始喜欢跟家人一起做一些简单的游戏。

喂养小贴士

为宝宝添加辅食喂养时，要注意以下几点：

1. 由少到多

为宝宝添加食物时，最初的量可少喂些，以后逐渐增加，妈妈不能性急，要为宝宝断奶做好准备。

2. 由一种到多种

添加食物时，每次只能加一种，经过 4~5 天后，如果宝宝没有消化不良或过敏反应，精神、食欲均正常，再添加第二种，切勿操之过急，以免造成宝宝消化不良。

3. 选择恰当时间

妈妈们为宝宝添加辅食最好在喂奶之前，因为宝宝饥饿时容易接受辅食。在孩子生病或是炎热夏天，可暂缓添加辅食，以免引起宝宝胃肠道的消化功能紊乱。

4. 不要喂得过饱

宝宝在 1 岁以内，营养摄入的主要来源仍是奶类，如果辅食喂得过多，宝宝可能会自动减少奶量的摄入，同时要保证宝宝一日饮奶量不少于 600 毫升。

5. 经常更换食物

宝宝会厌烦总是吃一种食物，当他拒绝吃他爱吃的食物时，说明需要给他换口味了。

6. 注意食物的软硬度

在增加了固体食物的同时，需要注意食物的软硬度。水果类可以稍硬一些，但是肉类、菜类、主食类还应该是软一些的。因为此时宝宝的磨牙还没有长出，如果食物过硬，宝宝不容易嚼烂，容易发生危险。

所需营养

这时候应给宝宝补充适量的鱼肝油和 DHA，鱼肝油中主要含有维生素 A 和维生素 D，能帮助婴儿机体组织的生长发育，增强免疫力，促进钙、磷的吸收，维持正常代谢，帮助骨骼钙化，使骨骼和牙齿正常发育。宝宝服用鱼肝油的时候不宜过多，3~4 滴即可；吃鱼肝油应该避免和奶粉一起喂，否则影响吸收。DHA 在人体大脑皮层磷脂质中高达 20%，在视网膜脂肪总量中高达 50%，是胎儿、婴幼儿神经系统发育的必需营养物质，所以，DHA 对智力和视力发育起着非常重要的作用。

第一周食谱举例

◎维生素 △蛋白质 ▣矿物质

周次＼餐次	第1顿	第2顿	第3顿	第4顿	第5顿	第6顿
周一	◎▣ 时蔬羹（140页）	母乳&配方奶	△▣ 肉末碎面条（141页）	母乳&配方奶	◎▣ 素炒彩椒（153页）	母乳&配方奶
周二	△▣ 鸡汁蛋末（151页）	母乳&配方奶	◎△▣ 竹笋肉羹（143页）	母乳&配方奶	△▣ 豆干肉丁软饭（150页）	母乳&配方奶
周三	△▣ 鱼肉蛋花粥（148页）	母乳&配方奶	◎▣ 香油薯泥（157页）	母乳&配方奶	△▣ 虾仁蛋炒饭（150页）	母乳&配方奶
周四	△▣ 鸡汤碎面（141页）	母乳&配方奶	△▣ 芝麻肉丝（155页）	母乳&配方奶	◎△▣ 西洋菜奶油浓汤（146页）	母乳&配方奶
周五	△▣ 枸杞粳米粥（148页）	母乳&配方奶	◎△▣ 白菜炖豆腐（159页）	母乳&配方奶	◎△▣ 香菇炒肉丁（158页）	母乳&配方奶
周六	◎△▣ 土豆胡萝卜肉末羹（142页）	母乳&配方奶	◎△▣ 牛肉炒冬瓜（159页）	母乳&配方奶	△▣ 鸡肉蛋卷（154页）	母乳&配方奶
周日	△▣ 鸡肉蛋卷（154页）	母乳&配方奶	△▣ 葱香腰片（156页）	母乳&配方奶	◎▣ 时蔬羹（140页）	母乳&配方奶

第二周食谱举例

周次＼餐次	第1顿	第2顿	第3顿	第4顿	第5顿	第6顿
周一	◎△□ 玉米鸡粒粥（145页）	母乳&配方奶	◎△□ 小虾炒笋丁（156页）	母乳&配方奶	◎△□ 竹笋肉羹（143页）	母乳&配方奶
周二	△□ 鸡肉蛋卷（154页）	母乳&配方奶	△□ 鳕鱼片（154页）	母乳&配方奶	◎△□ 白菜炖豆腐（159页）	母乳&配方奶
周三	◎△□ 豆腐蛋花羹（143页）	母乳&配方奶	△□ 枸杞粳米粥（148页）	母乳&配方奶	◎△□ 猪肉青菜粥（149页）	母乳&配方奶
周四	◎△□ 玉米鸡粒粥（145页）	母乳&配方奶	◎□ 素炒彩椒（153页）	母乳&配方奶	◎△□ 小虾炒笋丁（156页）	母乳&配方奶
周五	◎△□ 紫菜墨鱼丸汤（144页）	母乳&配方奶	◎△□ 香菇炒肉丁（158页）	母乳&配方奶	△□ 美味烘蛋（160页）	母乳&配方奶
周六	◎△□ 芝士烤红薯（158页）	母乳&配方奶	◎□ 蒜香豇豆（155页）	母乳&配方奶	△□ 烤鲑鱼饭团（152页）	母乳&配方奶
周日	◎□ 素炒紫甘蓝（157页）	母乳&配方奶	△□ 香甜金银米粥（147页）	母乳&配方奶	◎△□ 猪肉青菜粥（149页）	母乳&配方奶

小宝宝每月食谱范例

10月

宝宝已经开始向大人吃饭过渡
家长这时候要给宝宝更多咀嚼的食物了

豆腐蛋花羹

鸡汤碎面

蒜香豇豆

葱香腰片

小虾炒笋丁

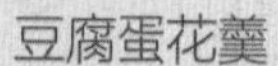

1

时蔬羹

材料： 胡萝卜 20 克，莴笋 20 克，西芹 20 克

做法：

1. 胡萝卜切丁；莴笋切丁；西芹切丁。
2. 锅中注入适量清水烧沸，倒入胡萝卜丁、莴笋丁、西芹丁。
3. 小火慢慢煮至熟软即可。

专家叮嘱 宝宝口腔黏膜脆弱，食材太硬会伤害黏膜，烹制时宜煮软些。

肉末碎面条

材料：水发面条 120 克，肉末 50 克，胡萝卜、上海青各适量，葱花少许，食用油适量

做法：

1. 洗好的上海青、胡萝卜均切成粒。
2. 用油起锅，倒入肉末，翻炒至其松散。
3. 加胡萝卜粒、上海青，翻炒几下。
4. 注清水，搅拌匀大火煮沸，下入切好的面条段，转中火煮至熟即可。

面条已经切碎，不宜煮得太烂，以免糊成团。

鸡汤碎面

材料：儿童面 50 克，鸡汤适量

做法：

1. 锅中倒入适量鸡汤煮沸。
2. 放入儿童面。
3. 小火煮至面条熟软。
4. 关火盛出即可。

鸡汤与面条一起，不仅味道鲜美，还能很好地帮助吸收营养。

土豆胡萝卜肉末羹

材料：土豆110克，胡萝卜85克，肉末50克

做法：

1. 土豆洗净切成块，胡萝卜切成片，放入烧开的蒸锅中蒸熟。
2. 取榨汁机，把土豆、胡萝卜倒入杯中，加入适量清水。
3. 盖上盖子，榨取土豆胡萝卜汁。
4. 砂锅中注入适量清水烧开，放入肉末。
5. 倒入蔬菜汁，拌匀煮沸，煮至食材熟透即可。

专家叮嘱

胡萝卜含有较多的纤维素，宝宝食用后可以很好地帮助消化。

竹笋肉羹

材料：胡萝卜丝 30 克，竹笋丝、肉末各 50 克，鸡蛋 1 个，柴鱼片、油菜各适量

做法：

1. 鸡蛋打散倒入肉末中搅拌均匀，竹笋切薄片，改成小段。
2. 竹笋段和柴鱼入锅同煮 15 分钟。
2. 加胡萝卜、油菜，煮沸后加入肉馅，边煮边搅拌，煮沸即可。

专家叮嘱

竹笋纤维较粗，不易消化，在给宝宝食用前可多煮片刻。

豆腐蛋花羹

材料：鸡蛋 1 个，南豆腐 100 克，排骨汤清汤 150 毫升

做法：

1. 鸡蛋打入碗中，打匀打散。
2. 豆腐捣碎。
3. 排骨清汤入锅煮沸，放入豆腐，转小火煮至豆腐熟烂。
4. 撒入蛋花煮熟即可。

专家叮嘱

鸡蛋、豆腐都是高蛋白的食材，味道鲜美好做，适合妈妈在家常给宝宝制作。

紫菜墨鱼丸汤

材料： 墨鱼肉150克，瘦肉250克，紫菜15克，香菜、葱花各少许，淀粉、食用油各适量

做法：

1. 紫菜用清水泡发；墨鱼肉、猪肉剁成泥，装碗。
2. 将淀粉加入肉泥内，顺时针搅拌上劲。
3. 把肉泥逐一捏制成丸子，放入七成热的油锅中。
4. 炸至金黄色，捞出沥油。
5. 锅中注清水烧开，放入鱼丸、紫菜，大火煮沸后转小火煨10分钟，撒入葱花即可。

专家叮嘱

在给孩子进食海鲜类的食材后，家长要观察宝宝，以免出现过敏反应。

玉米鸡粒粥

材料：玉米粒 30 克，鸡胸肉 20 克，大米 50 克

做法：

1. 玉米粒洗净；鸡胸肉洗净，切成小粒。
2. 锅中注入适量清水烧沸，倒入洗净的大米。
3. 加盖，大火煮沸后转小火煮 30 分钟左右。
4. 下入玉米粒、鸡肉粒，小火续煮 10 分钟左右。
5. 略微搅拌后关火盛出即可。

专家叮嘱

鸡肉是高蛋白的食材，而且非常易于吸收，但是久煮容易太硬，会不利于孩子食用，所以在烹制前可用盐水浸泡，使肉质变软后再烹制。

胡萝卜肉末汤

材料：胡萝卜 50 克，猪肉 20 克

做法：

1. 猪肉洗净，剁成末。
2. 胡萝卜洗净去皮，切成丁。
3. 锅中注入适量清水烧沸，倒入肉末、胡萝卜丁。
4. 煮沸后转小火煨熟即可。

胡萝卜不宜煮太碎，以免破坏里面的纤维素，给宝宝进食更需煮得绵软些。

西洋菜奶油浓汤

材料：西洋菜 50 克，奶油 20 克

做法：

1. 将西洋菜择洗干净，切成小段。
2. 锅中注入适量清水烧沸。
3. 倒入奶油化开。
4. 倒入西洋菜，搅拌均匀，煮熟后关火盛出即可。

西洋菜含有大量的维生素，而且浓汤制作简单，适合宝宝在家常吃。

香甜金银米粥

材料：小米 80 克，大米 100 克，肉松适量

做法：

1. 大米、小米淘洗干净。
2. 锅中注入适量清水烧沸，倒入大米、小米。
3. 加盖，大火煮沸后转小火煮熟。
4. 揭盖，倒入肉松，搅拌均匀。
5. 把肉松煮熟，关火盛出即可。

小米含有其他粗粮中没有的胡萝卜素和 B 族维生素，有利于加强孩子的消化功能，让营养更好地被吸收。

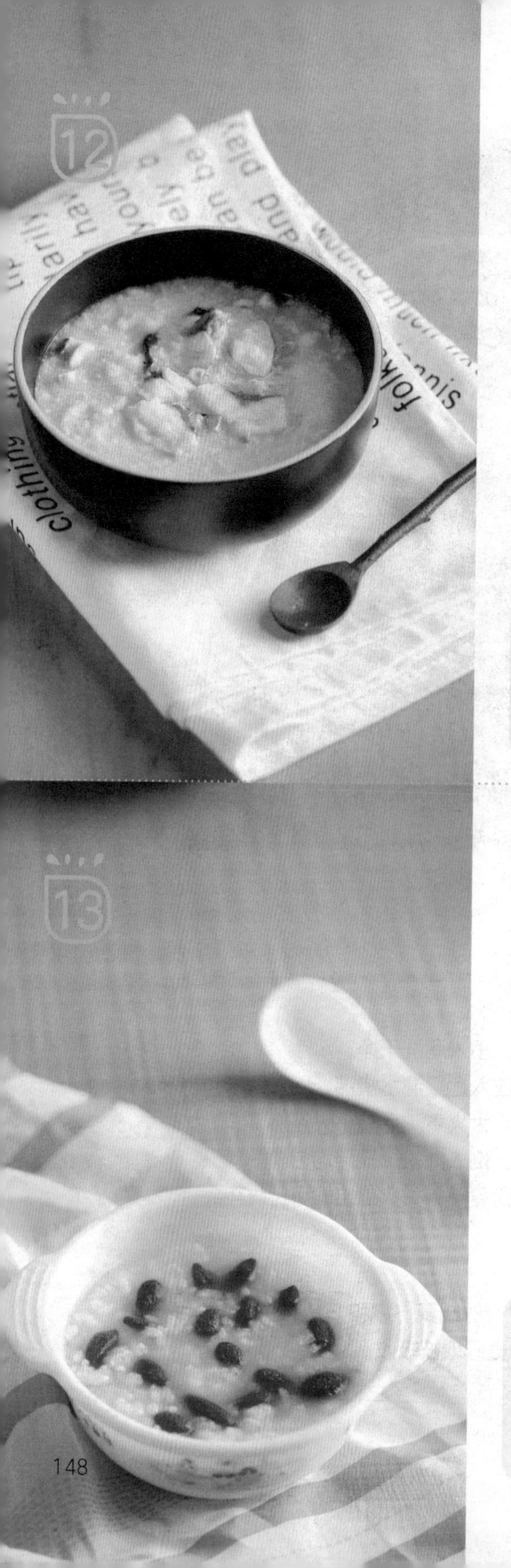

鱼肉蛋花粥

材料：鱼肉 40 克，鸡蛋 60 克，大米 50 克

做法：

1. 将鱼肉洗净，切片。
2. 锅中注入适量清水烧沸，倒入洗净的大米，大火煮沸后转小火煮 40 分钟。
3. 倒入鱼肉，煮 5 分钟左右。
4. 将鸡蛋打散，倒入粥中，煮熟即可。

在给宝宝食用时，鱼刺一定要清干净，以免划伤宝宝的食道。

枸杞粳米粥

材料：枸杞 10 克，粳米 50 克

做法：

1. 枸杞洗净，粳米淘洗干净。
2. 锅中注入适量清水烧沸，放入粳米，大火煮沸后转小火煮熟。
3. 倒入枸杞，搅拌均匀。
4. 小火煮至枸杞熟软。
5. 关火盛出即可。

枸杞可事先用冷水浸泡过再烹制，会更容易让宝宝吸收。

猪肉青菜粥

材料：大米、青菜各 50 克，猪肉 30 克，葱末、姜末各适量，食用油适量

做法：

1. 大米洗净；猪肉、青菜均洗净，剁成末。
2. 锅内放入大米和清水，大火烧沸，改用小火熬煮。
3. 油锅烧热，放入猪肉末翻炒。
4. 加葱末、姜末、生抽翻炒。
5. 放入青菜末翻炒片刻，盛出，待用。
6. 放入米粥锅中同煮 10 分钟左右即可。

专家叮嘱

维生素、蛋白质结合的美味粥品，非常适合病后恢复的宝宝进食，可以快速补充能量。

15

豆干肉丁软饭

材料：豆干、瘦肉各65克，软饭150克，葱花少许，芝麻油、食用油各适量

做法：

1. 将豆干、瘦肉均切成丁；肉装入碗中，放入食用油拌匀，静置10分钟。
2. 用油起锅，倒入肉丁，翻炒至转色，放入豆腐干，炒匀，加入软饭拍松散，快速炒匀，放入葱花、芝麻油，拌炒至入味即可。

专家叮嘱

米饭在烹制时可以加入少许清水，使米饭软一些，更方便宝宝进食。

16

虾仁蛋炒饭

材料：虾仁20克，鸡蛋40克，米饭40克

做法：

1. 将虾仁洗净、切碎；鸡蛋打散。
2. 用锅起油，倒入鸡蛋液，炒熟。
3. 加米饭炒匀，再倒入虾仁，翻炒至变色即可。

专家叮嘱

虾仁含有丰富的钙等营养素，小儿常食虾仁，能为机体提供充足的钙元素。

鸡汁蛋末

材料：熟鸡蛋 1/2 个，鸡汤适量

做法：

1. 将熟鸡蛋切碎。
2. 锅中注入适量鸡汤烧沸。
3. 倒入鸡蛋碎，一边加热一边搅拌。
4. 关火盛出即可。

鸡蛋富含维生素 D 及卵磷脂，不仅能促进钙吸收，还有助于幼儿的智力发育。

雪菜肉末粥

材料：大米 110 克，雪菜末、肉末各 50 克，葱、姜末各少许

做法：

1. 锅注油烧热，将肉末炒至变色，用葱、姜爆香，加入雪菜翻炒后盛出待用。
2. 锅中加入大米、清水，煮沸转小火煮 1 小时，倒入炒好的料，搅入味即可。

雪菜咸鲜，与米粥一起烹制，能促进宝宝的食欲，更好地补充能量。

蒜香芝心吐司

材料：吐司 4 片，马苏里拉芝士 30 克，大蒜片少许，橄榄油适量

做法：

1. 取 2 片吐司，在中间切上十字花刀。
2. 另外的吐司撒上芝士碎，盖在吐司上。
3. 再撒上蒜片，刷上少许橄榄油。
4. 放入预热好的烤箱内，以 190℃烤制 5 分钟即可。

芝士是牛奶加工而成，每天定量给孩子摄入一些芝士，能帮助孩子骨骼成长。

烤鲑鱼饭团

材料：鲑鱼 150 克，米饭 200 克，寿司醋各少许

做法：

1. 鲑鱼用厨房用纸吸去表面水分，静置 10 分钟。
2. 鲑鱼两面用中火各煎 1 分钟，压碎。
3. 米饭中加入寿司醋、鱼肉碎，充分搅拌均匀，再逐一捏成饭团即可。

鲑鱼属于海鱼，虽然能给孩子摄入优质蛋白质，但是对于生病的宝宝还是要忌食的。

素炒彩椒

材料： 彩椒300克，姜丝适量，食用油、芝麻油各适量

做法：

1. 彩椒洗净去蒂、籽，切成长丝。
2. 锅置火上，放入食用油烧热，投入姜丝炒香。
3. 倒入彩椒，继续翻炒。
4. 淋入芝麻油，翻炒片刻即可。

专家叮嘱

彩椒含有丰富的维生素C，是宝宝增强免疫力的首选食材之一。

鸡肉蛋卷

材料：鸡蛋 2 个，鸡胸肉 30 克，食用油适量

做法：

1. 鸡胸肉切丝；鸡蛋中加少许盐，打散。
2. 用油起锅，倒入鸡丝炒熟。
3. 另起一锅，倒入鸡蛋液，摊成薄饼。
4. 将鸡丝放入鸡蛋饼中，码好。
5. 卷起鸡蛋饼，用刀切成段即可。

鸡蛋含有丰富的核黄素，可以增强宝宝的抵抗力，让孩子少生病。

鳕鱼片

材料：鳕鱼 150 克，鸡蛋 1 个，葱花少许，植物油、干淀粉、芝麻油、水淀粉各适量

做法：

1. 鳕鱼洗净切片，用蛋黄、干淀粉浆好。
2. 油锅烧热，将鱼片下入炸透，捞出。
3. 锅内加清水，放入鱼片，用水淀粉勾芡，沿锅边倒入适量油。
4. 将鱼片翻转，淋芝麻油，撒上葱花即可。

鳕鱼肉鲜嫩味美，含有丰富的 DHA，是宝宝的首选食材。

芝麻肉丝

材料：瘦猪肉丝 250 克，熟白芝麻 50 克，葱段、姜片、清汤、食用油、芝麻油各适量

做法：

1. 将瘦肉丝用姜片、葱段一起拌匀略腌，放入油锅炸成金黄色。
2. 锅置火上，放清汤、肉丝，用小火炖至汁干。
3. 淋上芝麻油，撒上熟芝麻即可。

专家叮嘱

芝麻含有丰富的钙质，可帮助孩子促进骨骼发育。

24

蒜香豇豆

25

材料：豇豆 200 克，蒜末适量，食用油适量

做法：

1. 洗净的豇豆切成段，氽至半生，捞出。
2. 热锅注油烧热，倒入蒜末，翻炒爆香。
3. 倒入豇豆，翻炒片刻即可。

专家叮嘱

豇豆中含有优质的蛋白质，有利于新陈代谢，可以增进宝宝的食欲。

小虾炒笋丁

材料：春笋 80 克，海米 10 克，食用油适量

做法：

1. 春笋切丁；海米用热水浸泡，滤干。
2. 锅中注清水烧开，倒入笋丁，汆去苦味捞出，沥干。
3. 热锅注油烧热，倒入海米，炒出香味。
4. 倒入笋丁，快速翻炒均匀即可。

海米含有蛋白质、维生素 A 等营养成分，可增强免疫力，减少孩子生病的几率。

葱香腰片

材料：猪腰 200 克，葱花适量，生抽 2 毫升，食用油适量

做法：

1. 将腰花清洗干净，对切开，割去臊子，片成片，入沸水中焯水，捞出备用。
2. 热锅放油，放入腰片翻炒至熟，撒上葱花即可。

动物的内脏含有丰富的铁，定量给孩子吃可以预防贫血。

素炒紫甘蓝

材料：紫甘蓝150克，蒜末适量，食用油适量

做法：

1. 洗净的紫甘蓝切成小块。
2. 热锅注油烧热，倒入蒜末，爆香。
3. 倒入紫甘蓝，快速翻炒均匀，煮入味即可。

紫甘蓝的维生素丰富，所以炒制时间不宜过长，以免营养不易于宝宝吸收。

香油薯泥

材料：红薯200克，芝麻油适量

做法：

1. 洗净的红薯去皮，切成块状。
2. 蒸锅煮水烧开，放入红薯，将其蒸至熟透。
3. 蒸好的红薯放凉片刻，压成薯泥。
4. 淋入少许芝麻油，搅拌匀即可。

红薯含有纤维素、维生素C等营养成分，有润肠通便的功效，可减少小儿便秘这类症状。

芝士烤红薯

材料：红薯 150 克，芝士片 1 片，黄油 20 克，牛奶 50 毫升

做法：

1. 洗净的红薯切成片，放入已经上气的电蒸锅中蒸 15 分钟至熟。
2. 红薯压成泥，放入黄油、牛奶，拌匀。
3. 铺上芝士片，放入备好的烤箱中。
4. 上下火调为 160℃，烤 10 分钟即可。

红薯宜熟透再食用，因为红薯的淀粉颗粒若不经高温破坏，会不利于孩子吸收。

香菇炒肉丁

材料：香菇 100 克，猪肉 30 克，生抽 2 毫升，食用油适量

做法：

1. 香菇切小粒；猪肉切粒。
2. 热锅注油烧热，倒入肉粒，炒至转色。
3. 倒入生抽、香菇粒，翻炒片刻至入味即可。

切肉时应逆着肉的纹理切，这样才能切断筋络，方便宝宝咀嚼。

白菜炖豆腐

材料：冻豆腐150克，白菜100克，水发粉丝90克，高汤450毫升，姜片、葱花各少许，食用油适量

做法：

1. 将白菜切去根部，冻豆腐切长条块。
2. 锅注油烧热，放姜片、高汤，大火煮至沸腾，倒入白菜、冻豆腐、少许清水。
3. 加粉丝搅拌匀。
4. 小火煮15分钟至熟透，撒葱花即可。

专家叮嘱

豆制品含有很高的钙质，钙质可以帮牙齿生长，长牙的宝宝适合多吃。

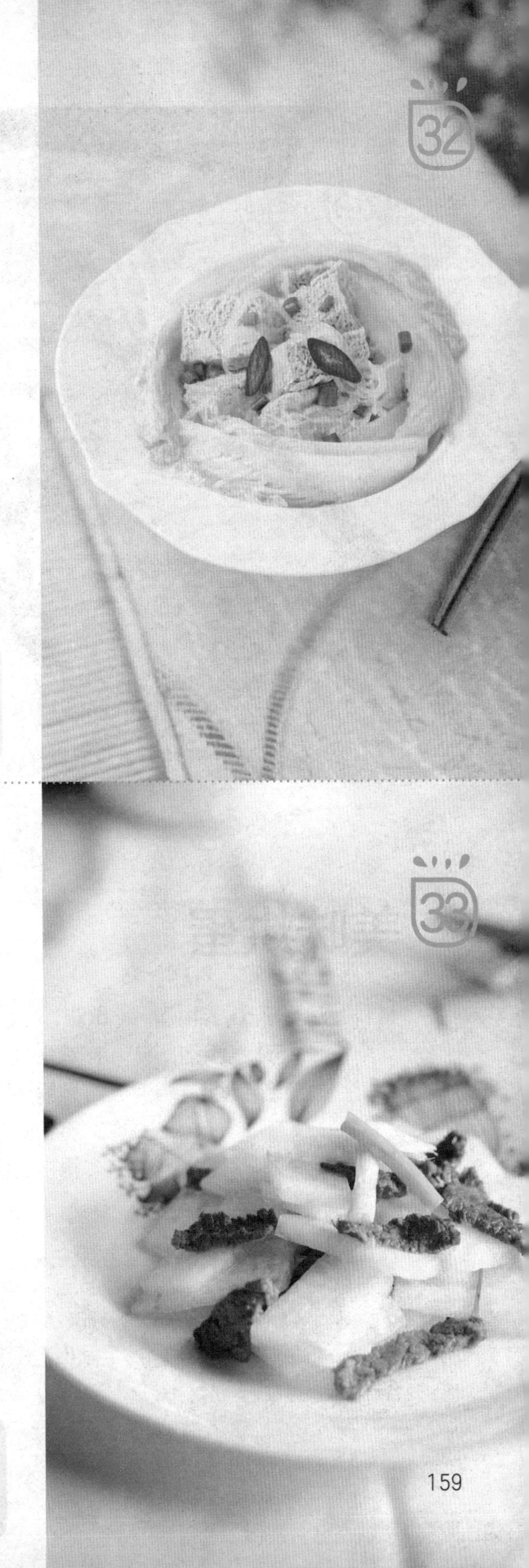

牛肉炒冬瓜

材料：牛肉130克，冬瓜180克，姜片、蒜末、葱段各少许，水淀粉、食用油各适量

做法：

1. 冬瓜切片；牛肉切片，加水淀粉、油腌10分钟。
2. 牛肉片倒入油锅中，滑油后捞出。
3. 用油起锅，爆香姜、蒜、葱，加冬瓜，熟后加牛肉，翻炒至熟。
4. 用水淀粉勾芡即可。

专家叮嘱

牛肉营养丰富，宝宝多吃牛肉对牙齿的生长有很多好处。

美味烘蛋

材料： 鸡蛋2个，牛奶15毫升，食用油、番茄酱各适量

做法：

1. 鸡蛋打入碗中，加入牛奶，快速打成蛋液。
2. 煎锅注油烧热，倒入蛋液，快速搅散。
3. 将蛋白对折，转小火，慢慢将里面烘熟。
4. 再挤上番茄酱即可。

专家叮嘱

鸡蛋营养丰富，加入牛奶一起烹制，鸡蛋更松软，营养更丰富，非常适合早上给孩子制作。

绿豆粥

材料： 小米 100 克，绿豆 30 克

做法：

1. 准备好小米和绿豆。
2. 一起淘洗干净。
3. 锅里放水，放入小米、绿豆。
4. 大火烧开后转小火熬制。
5. 煮 30 分钟即可。

专家叮嘱

夏季炎热，绿豆有清凉解暑的功效，对于宝宝痱子有很好的改善或预防的功效。

吐司咸布丁

材料：吐司150克，鸡蛋60克，牛奶100毫升，无盐黄油适量

做法：

1. 吐司修去四边，切成小块。
2. 鸡蛋中倒入牛奶，拌匀制成蛋奶。
3. 模具内均匀抹上黄油，放入吐司块，再浇上蛋奶，静置半小时使蛋液完全被吸收。
4. 将模具放入预热好的烤箱内，上下火170℃烤15分钟即可。

专家叮嘱

孩子正处于迅速生长发育的时期，需要营养丰富的完全蛋白质食物，鸡蛋是天然食物中含最优良蛋白质的食品，所以需要每日定量给予宝宝进食鸡蛋。

Part

8

1~2岁
从断奶开始的转变

妈妈要注意的问题

制作什么样的辅食

宝宝终于1岁了，逐渐能独立行走，1岁前后开始长出板牙，16~18个月开始长出尖牙，18个月大多已长出10~16颗牙，因此，进食模式也慢慢向大人转变。此时，妈妈可以适当地增加食物的种类和稠度，同时尽量将食物颜色搭配得丰富一些，将食物造型做得更可爱一些，让宝宝对吃饭产生兴趣。看着宝宝每天都能吃到自己亲手制作的营养辅食，对妈妈来说真是一种莫大的快乐。那些超市和商店里贩卖的辅食产品，又怎能敌得过“妈妈牌”辅食呢？充分了解宝宝的营养需求后，来为你的宝贝继续制作更多爱心满满的美味辅食吧！

喂养小贴士

1岁以后，宝宝一般都会挑食，今天多吃一点，明天少吃一点，有时只吃这个，有时只吃那个，宝宝越来越表现出对食物种类的好恶。爸爸妈妈要正确对待宝宝这一特点，避免宝宝养成挑食的习惯。

1. 让宝宝与全家人一起吃饭，或是与不挑食、不偏食的小朋友一起吃饭，创造一个愉快的进餐环境，并且鼓励他要向大人或小朋友学习。

2. 改善烹调技术，不让宝宝把不太喜欢吃的食物挑拣出来。如有的宝宝不吃鸡蛋黄，可以把生鸡蛋与面粉调和，烹制鸡蛋软饼或是鸡蛋面条；不吃胡萝卜的，可以做成胡萝卜猪肉馅包子或饺子。

3. 从不在宝宝面前谈论某种食物不好吃，或者有什么特殊味道之类的话。对宝宝不太喜欢吃的食物，多讲讲它们有什么营养价值，吃了以后对身体有什么好处，而且父母应在孩子面前做出表率，大口大口香甜地边吃边称赞那些食物吃起来味道有多好。

4. 严格控制孩子吃零食。两餐之间的间隔最好保持在3.5~4小时，使胃肠道有一定的排空时间，这样就容易产生饥饿感。古语说“饥不择食”，饥饿时对过去不太喜欢吃的食物也会觉得味道不错，时间长了便会慢慢适应。

宝宝的成长轨迹

1~1.5 岁宝宝身高长至 74.8~88.5 厘米，体重增长在 8.5~13.9 千克；1.5~2 岁宝宝身高长至 79.9~94.4 厘米，体重增长在 9.4~15.2 千克。

1~1.5 岁的宝宝已经发展了一些智力的特征，宝宝会有强烈的好奇心，什么事都想尝试一下，会开始用简单词来表达自己想要表达的意思，会模仿家长的话语甚至动作；会提示妈妈自己想大便或小便；记忆力和理解能力也大大提高，宝宝有了独立的思想和意愿，如果父母的要求不符合宝宝的愿望，他就会反抗。1.5~2 岁的宝宝想象力得到提高；一些语言能力强的宝宝，2 岁时能说出几百个词语；爱提问；开始学会自己穿脱鞋袜。

长大的宝宝在体能上的特征也会有变化。1~1.5 岁的宝宝，走路不易跌倒，逐渐能自己动手吃饭；用笔乱画；能用积木搭起四层塔；会用手翻书。1.5~2 岁的宝宝能自如地走路和跑步；模仿妈妈做简单的体操；还会将纸张两折或三折；熟练地把水倒入另一个杯中。

所需营养

保证孩子基本营养成分由以下 4 种食物组成：①肉、鱼、家禽、鸡蛋；②奶制品；③水果和蔬菜；④谷类、土豆、大米、面包、面食。当妈妈设计孩子的菜单时，要记住胆固醇和其他脂肪对孩子的生长发育非常重要，所以在这个时期不应该限制。

如果你给孩子准备的食物是 4 种基本食物中选择的任意一种组合，而且让他广泛摄入各种味道、颜色和类别的食物，那他的饮食应该是含大量维生素的均衡饮食。然而，如果你们家的饮食习惯使孩子不能得到某种食物，那么他就需要补充一些维生素或矿物质。例如：如果你们家只吃素食，不食蛋类和奶类，他就需要补充维生素 B_{12}、维生素 D、核黄素和钙。

第一周食谱举例

◎维生素 △蛋白质 ◻矿物质

餐次/周次	第1顿	第2顿	第3顿	第4顿	第5顿	第6顿
周一	◎◻ 菠菜枸杞粥（188页）	母乳&配方奶	◎△◻ 鲜汤小饺子（192页）	母乳&配方奶	◎△◻ 葱烧鳕鱼（174页）	母乳&配方奶
周二	◎△◻ 蛋奶松饼（168页）	母乳&配方奶	◎△◻ 西红柿豆腐汤（176页）	母乳&配方奶	△◻ 芝士炖软饭（191页）	母乳&配方奶
周三	◎△◻ 肉丝米粉（194页）	母乳&配方奶	△◻ 猪肉干贝粥（186页）	母乳&配方奶	◎△◻ 素三鲜饺子（193页）	母乳&配方奶
周四	◎△◻ 虾仁萝卜丝汤（178页）	母乳&配方奶	△◻ 鱼松芝麻拌饭（190页）	母乳&配方奶	△◻ 肉松饭（190页）	母乳&配方奶
周五	◎△◻ 西红柿豆腐汤（176页）	母乳&配方奶	◎△◻ 海米冬瓜（176页）	母乳&配方奶	◎△◻ 海鲜蔬菜粥（183页）	母乳&配方奶
周六	◎△◻ 三色豆腐（173页）	母乳&配方奶	◎△◻ 松仁海带（170页）	母乳&配方奶	◎△◻ 玉米芝士浓汤（180页）	母乳&配方奶
周日	◎△◻ 鸡内金粥（182页）	母乳&配方奶	◎△◻ 滑蛋牛肉末（169页）	母乳&配方奶	◎△◻ 银耳枸杞羹（181页）	母乳&配方奶

第二周食谱举例

周次 \ 餐次	第1顿	第2顿	第3顿	第4顿	第5顿	第6顿
周一	○△□ 香菇鸡腿粥（184页）	母乳&配方奶	○△□ 葱烧鳕鱼（174页）	母乳&配方奶	○△□ 鲜汤小饺子（192页）	母乳&配方奶
周二	△□ 蛋奶松饼（168页）	母乳&配方奶	○△□ 西红柿山药粥（185页）	母乳&配方奶	○△□ 时蔬汤泡饭（189页）	母乳&配方奶
周三	○△□ 木耳菜蘑菇汤（177页）	母乳&配方奶	○□ 八宝粥（171页）	母乳&配方奶	△□ 滑蛋牛肉末（169页）	母乳&配方奶
周四	△□ 扇贝粥（184页）	母乳&配方奶	△□ 滑蛋牛肉末（169页）	母乳&配方奶	○△□ 虾仁萝卜丝汤（178页）	母乳&配方奶
周五	△□ 滑蛋牛肉粥（185页）	母乳&配方奶	○△□ 三色豆腐（173页）	母乳&配方奶	○△□ 海鲜蔬菜粥（183页）	母乳&配方奶
周六	○△□ 白菜虾丸汤（179页）	母乳&配方奶	○□ 蒜香西兰花（175页）	母乳&配方奶	○△□ 松仁海带（170页）	母乳&配方奶
周日	○△□ 豆腐味噌汤（169页）	母乳&配方奶	△□ 干煎牡蛎（171页）	母乳&配方奶	△□ 鱼松芝麻拌饭（190页）	母乳&配方奶

1~2岁

小宝宝每月食谱范例

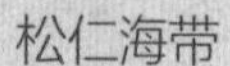

松仁海带

干煎牡蛎

三色豆腐

葱烧鳕鱼

肉松饭

蛋奶松饼

材料：牛奶 100 毫升，面粉 50 克，鸡蛋 1 个，白糖适量

做法：

1. 鸡蛋倒入碗中，倒入牛奶，搅拌均匀。
2. 倒入面粉、白糖，充分搅拌均匀。
3. 锅注油烧热，倒入面糊，煎至两面金黄。
4. 将剩余的面糊逐一煎制好即可。

面糊一定要充分搅拌匀，以免煎制后有结块，影响口感。

滑蛋牛肉末

材料：牛肉100克，鸡蛋2个，葱花少许，盐4克，水淀粉10毫升，食用油适量

做法：

1. 牛肉切粒装碗，加盐、水淀粉，拌匀，淋油，腌渍10分钟。
2. 将鸡蛋、盐、鸡粉、水淀粉搅匀。
3. 热锅注油烧热，倒入牛肉滑至转色，捞出倒入蛋液中，加葱花，搅匀。
4. 锅底留油，倒入蛋液，炒匀至熟即可。

专家叮嘱

鸡蛋含有水分、蛋白质、脂肪、氨基酸及多种维生素，有清热解毒的作用。

豆腐味噌汤

材料：味噌10克，豆腐50克，大葱、裙带菜各40克，高汤、葱花各适量

做法：

1. 豆腐切成小块，大葱斜刀切片。
2. 高汤倒入锅中煮开，倒入豆腐与泡发好的裙带菜，放入大葱，搅拌匀。
3. 加入味噌，搅匀搅散，撒上葱花即可。

专家叮嘱

裙带菜含有丰富的碘与植物胶质，能润滑肠道，改善肠道环境，可以很好地预防宝宝便秘等不良症状。

松仁海带

材料：松仁 20 克，海带 50 克，高汤适量

做法：

1. 松仁洗净。
2. 海带洗净，切成细丝。
3. 锅内放入高汤、松仁、海带，用小火煨熟。
4. 关火盛出即可。

松仁、海带都富含碘元素，宝宝常吃此菜能使头发柔顺亮泽。

凉拌海鱼干

材料：明太鱼干 60 克，香菜适量，盐、熟油、香醋少许

做法：

1. 明太鱼干放入蒸锅中，蒸熟，取出。
2. 把鱼干放入碗中。
3. 加入适量盐、熟油、香醋，搅拌均匀。
4. 用小碗盛出，点缀上香菜即可。

这道菜口感鲜嫩，可以适当添加其他蔬菜泥来丰富宝宝的营养需求。

干煎牡蛎

材料：牡蛎肉 400 克，鸡蛋 5 个，葱末、盐、味精、食用油、芝麻油各适量

做法：

1. 牡蛎肉放入沸水中焯烫，捞出沥干。
2. 鸡蛋打入碗中，放入牡蛎肉、葱末、盐搅匀。
3. 油锅烧热，放入牡蛎蛋液，煎至两面呈金黄色，熟透。
4. 淋入芝麻油，出锅装盘即可。

专家叮嘱　牡蛎也叫“海中的牛奶”，其蛋白质、钙、氨基酸的含量都很丰富。

八宝粥

材料：粳米、燕麦米、黑米、红豆、花生、燕麦片、糙米各适量，白糖少许

做法：

1. 砂锅中注水，倒入全部食材。
2. 加盖，烧开转小火煮 20 分钟。
3. 掀开锅盖，持续搅拌片刻后加入白糖，再续煮 20 分钟至食材熟透即可。

专家叮嘱　甜甜的八宝粥很受孩子的喜爱，各种杂粮的营养浓缩，给孩子注入更多的营养。

酱爆鸭肉

材料： 鸭肉 750 克，葱段、姜片各 50 克，甜面酱 75 克，食用油适量

做法：

1. 鸭肉洗净，切成小块。
2. 油锅烧热，放入甜面酱炒出香味。
3. 把鸭块入锅煸炒。
4. 待鸭块上色后，加适量水煮沸。
5. 改小火，煮至鸭块酥烂时收汁，装盘即可。

专家叮嘱

鸭肉是低脂高蛋白的肉类，非常适合生长期的宝宝食用。

三色豆腐

材料：豆腐 400 克，西红柿、水发冬菇、青豆各 100 克，盐、白糖、食用油、芝麻油各适量

做法：

1. 豆腐切块；冬菇切片；西红柿切菱形片；青豆洗净。
2. 油锅烧热，放入豆腐块略煎，加白糖、盐，烧 15 分钟盛出。
3. 锅中注油烧热，煸炒冬菇片、青椒片和西红柿片，倒入豆腐，焖烧一会儿后加芝麻油，炒匀即可。

专家叮嘱

西红柿含有很多纤维，而且酸甜开胃，对宝宝肠胃非常有益。

葱烧鳕鱼

材料： 大葱 30 克，鳕鱼 100 克，盐、食用油、淀粉、生抽各适量

做法：

1. 大葱洗净切段；鳕鱼洗净切块，加盐、淀粉、生抽腌渍片刻。
2. 锅置火上，倒入适量油，放入大葱段煸香。
3. 把大葱拨到一边，放入鳕鱼块，煎熟。
4. 关火盛出即可。

鳕鱼除了富含对大脑有益的 DHA，还含有对生长发育很有帮助的钙质。

蒜香西兰花

材料：西兰花 200 克，蒜末、盐、食用油各适量

做法：

1. 西兰花切小朵，放入沸水中汆至半生。
2. 热锅注油烧热，倒入蒜末，翻炒爆香。
3. 倒入西兰花，翻炒片刻，加入少许盐，炒至入味即可。

专家叮嘱

西兰花切好后可放入淡盐水中泡一会儿，能改善成品的口感。

香糯南瓜粥

材料：南瓜 60 克，大米 100 克，盐少许

做法：

1. 南瓜洗净切片，放入蒸锅隔水蒸熟。
2. 蒸熟的南瓜片捣碎成泥。
3. 大米加适量水放入锅中，大火煮开后转中火煮 40 分钟。
4. 再加入南瓜泥和盐，搅拌匀后续煮 10 分钟即可。

专家叮嘱

南瓜含有较多纤维素，对宝宝的肠胃有很好的辅助消化的作用。

13

海米冬瓜

材料： 冬瓜 500 克，海米 10 克，葱、盐、食用油各适量

做法：

1. 冬瓜去皮去瓤，切片；海米放入清水中泡发；姜切丝。
2. 锅烧热倒油，放入葱煸出香味。
3. 放海米，注清水，下冬瓜。
4. 煮至冬瓜熟软即可。

海米可事先油炸片刻，味道会更咸香，更能促进宝宝的食欲。

14

西红柿豆腐汤

材料： 西红柿 200 克，豆腐 150 克，葱花少许，盐 4 克，番茄酱 10 克，食用油适量

做法：

1. 西红柿、豆腐切块；豆腐汆煮 1 分钟。
2. 锅中注清水烧开，加盐、食用油、西红柿煮沸，加番茄酱，拌匀。
3. 倒入豆腐，煮 2 分钟，撒上葱花即可。

西红柿的维生素含量非常丰富，再与豆腐一起煲制，可让宝宝更好成长。

木耳菜蘑菇汤

15

材料：口蘑 30 克，木耳菜 20 克，盐、食用油各适量

做法：

1. 口蘑洗净，切片；木耳菜洗净，切段。
2. 锅中注入食用油，倒入口蘑略炒片刻。
3. 倒入适量水，煮至沸腾。
4. 加入木耳菜，搅拌均匀，略煮片刻。
5. 加少许盐，煮至食材入味，盛出即可。

专家叮嘱

木耳菜含有丰富的胶质，宝宝常常食用有很好的护肤功效。

紫菜蛋丝汤

16

材料：鸡蛋 50 克，紫菜 30 克，葱花少许，盐、芝麻油各适量

做法：

1. 鸡蛋打入碗中，加入盐，搅拌后倒入注油烧热的煎锅内，煎成蛋皮。
2. 煎好的蛋皮放凉后，切成丝。
3. 锅注水烧开，下紫菜、蛋丝，再加盐搅匀后撒上葱花、芝麻油即可。

专家叮嘱

紫菜含有丰富的碘与矿物质，宝宝多吃海藻类能预防大脖子病，并增强抵抗力。

虾仁萝卜丝汤

材料：虾仁 50 克，白萝卜 200 克，红椒丝、葱花各少许，盐 2 克，水淀粉、食用油各适量

做法：

1. 白萝卜切丝；虾仁洗净，去除虾线。
2. 虾仁中加盐、水淀粉、食用油，拌匀腌渍。
3. 用油起锅，入虾仁，炒至转色。
4. 倒入萝卜丝，炒匀后加适量清水。
5. 加盐炒匀，加盖，中火煮 5 分钟。
6. 再加红椒、葱花，拌匀即可。

专家叮嘱

白萝卜的维生素含量很高，而且所含的纤维素丰富，宝宝常吃能缓解便秘。

白菜虾丸汤

材料：白菜 100 克，虾丸 25 克，高汤适量，盐 2 克

做法：

1. 洗净的白菜切成小块。
2. 洗净的虾丸切成小块，待用。
3. 高汤倒入锅中煮开，倒入白菜、虾丸。
4. 搅拌片刻，加入少许盐，拌匀煮至食材入味。
5. 关火盛出即可。

专家叮嘱

虾丸类制品的蛋白质含量高，还含有丰富的矿物质，有增强免疫力的功效。

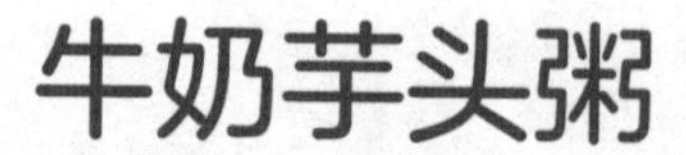

牛奶芋头粥

材料：芋头 30 克，大米 70 克，牛奶 500 毫升，冰糖适量

做法：

1. 洗净去皮的芋头切成块。
2. 锅中注入适量的清水，放入大米、芋头。
3. 盖上锅盖，煮开后转小火煮 40 分钟。
4. 揭盖，加牛奶、冰糖，搅拌至溶化即可。

给宝宝炖煮的芋头一定要绵软，以免影响宝宝咀嚼。

玉米芝士浓汤

材料：玉米 120 克，淡奶 50 毫升，奶芝士 10 克，牛奶 100 毫升

做法：

1. 锅中注入适量清水，倒入洗净的玉米粒，煮沸。
2. 倒入淡奶、芝士、牛奶同煮。
3. 大火煮沸后，转小火煮 5 分钟。
4. 关火盛出即可。

芝士含钙质，且味道浓郁，是宝宝的补钙佳品。

银耳枸杞羹

材料：水发银耳 40 克，枸杞 8 克，冰糖适量

做法：

1. 银耳剪成小朵；枸杞洗净。
2. 锅中注清水，放入银耳，大火煮沸后转小火煮 20 分钟。
3. 加入枸杞、冰糖，续煮 10 分钟至食材熟透。
4. 关火盛出即可。

专家叮嘱

银耳和枸杞都具有清心明目的作用，宝宝可以适当食用。

二豆粥

材料：红豆 50 克，绿豆 50 克

做法：

1. 红豆、绿豆在清水中浸泡 8 小时，至完全发开。
2. 锅中注入适量清水，大火煮开。
3. 倒入红豆、绿豆，煮开后转小火焖 30 分钟。
4. 煮好后搅拌片刻即可。

豆类一定要完全泡发，这样在烹制的时候比较方便煮熟。

鸡内金粥

材料：鸡内金 5 克，大米 40 克

做法：

1. 鸡内金处理干净，在锅内烘干，慢慢研成粉末。
2. 大米用清水洗净，待用。
3. 锅中注适量清水烧开，倒入大米，大火煮开后，用小火煮熟。
4. 加入鸡内金粉，继续煮 5 分钟，关火盛出即可。

鸡内金适用于消化不良、食积不化等症状，宝宝适量食用有助于消化。

海鲜蔬菜粥

材料：虾仁15克，芹菜20克，大米50克

做法：

1. 虾仁去壳去虾线，切碎。
2. 芹菜洗净，切成末。
3. 锅中注入适量清水烧沸，倒入大米，大火煮沸后转小火煮30分钟。
4. 倒入虾仁碎，煮至虾仁变色。
5. 倒入芹菜末，同煮至食材入味即可。

专家叮嘱

鲜虾富含微量元素与蛋白质，与芹菜搭配营养更均衡，可增强宝宝免疫力。

扇贝粥

材料：扇贝 4 个，大米 50 克，盐适量

做法：

1. 新鲜扇贝洗净，取肉切成丁。
2. 锅中注入适量清水烧沸，倒入大米，大火煮沸后转小火煮 30 分钟。
3. 倒入扇贝，小火续煮 10 分钟至入味。
4. 加少许盐，搅拌均匀至入味。
5. 关火盛出即可。

专家叮嘱

扇贝属寒性，大米属温性，所以刚好互补，适量食用可满足宝宝营养所需。

香菇鸡腿粥

材料：鸡腿 1 只，鲜香菇 1 朵，大米 80 克，鸡腿 600 毫升，香菜段、水淀粉、盐各适量

做法：

1. 鲜香菇洗净去蒂，切成片。
2. 鸡腿洗净、去骨，切成小块装入碗中，拌入水淀粉、盐，腌渍 10 分钟。
3. 锅中注入鸡汤、大米，小火熬至黏稠。
4. 加鸡块、香菇，煮 15 分钟，加盐、香菜段调味即可。

专家叮嘱

鸡腿腌渍的时间可长一点，会更鲜嫩多汁。

滑蛋牛肉粥

材料：大米100克，牛肉50克，鸡蛋1个，高汤500毫升，盐、水淀粉适量

做法：

1. 牛肉洗净切片，用盐、水淀粉腌渍10分钟。
2. 鸡蛋打成蛋液；大米用水泡半小时。
3. 锅置火上，放入高汤、大米，大火煮沸后转小火熬煮40分钟。
4. 加牛肉，煮沸，淋蛋液，搅开即可。

专家叮嘱

熬粥时洗净的米可加入少许食用油，粥会更香浓。

西红柿山药粥

材料：西红柿50克，山药20克，大米50克

做法：

1. 山药去皮、洗净，切成小丁。
2. 西红柿洗净，切成小丁。
3. 锅中注入清水烧沸，倒入大米、山药。
4. 大火煮沸后转小火煮30分钟。
5. 倒入西红柿丁，小火煮10分钟即可。

专家叮嘱

山药对胃肠黏膜无刺激，与西红柿搭配，不仅口感鲜美，还健脾养胃。

猪肉干贝粥

材料：猪肉 20 克，干贝 8 克，大米 50 克，葱末适量，盐适量

做法：

1. 猪肉洗净，剁泥；干贝用清水泡发。
2. 锅中注入适量清水烧沸，倒入洗净的大米。
3. 加盖，大火煮沸后转小火煮 30 分钟。
4. 加入猪肉、干贝，搅拌均匀，小火续煮 10 分钟。
5. 加入盐，拌匀，煮至食材入味，关火盛出即可。

专家叮嘱

干贝富含谷氨酸，鲜甜的味道可以帮助病后的宝宝快速恢复元气。

卷心菜包肉

材料：卷心菜、洋葱、鸡蛋各 40 克，猪绞肉 100 克，番茄酱 70 克，香菜碎少许，柴鱼高汤适量，盐少许

做法：

1. 将卷心菜叶放入热水中稍煮一下，用漏勺捞起。
2. 猪绞肉、洋葱末、鸡蛋、盐装入碗中，搅拌匀做成肉馅，再分份包入卷心菜里。
3. 将卷心菜肉卷并排紧密地摆放入平底锅中，加入柴鱼高汤、番茄酱，用中火炖煮。
4. 待汤汁沸腾后再用小火炖煮 15 分钟左右，再稍微炖煮一会后装盘，再撒上香菜碎即可。

专家叮嘱

卷心菜含有丰富的纤维素，搭配上酸甜的口味，更能让宝宝食欲爆发。

菠菜枸杞粥

材料： 菠菜15克，枸杞8克，大米50克

做法：

1. 菠菜择去老叶、去根，洗净、切碎。
2. 锅中注入清水烧沸，倒入洗净的大米。
3. 大火煮沸后转小火煮30分钟，倒入枸杞续煮10分钟。
4. 放入切碎的菠菜，拌匀至熟即可。

鲜嫩的菠菜与甘甜的枸杞一起食用，有滋养肝肾、补血健脾的功效，食欲不振的孩子可多食。

生菜鸡丝面

材料： 鸡胸肉150克，生菜60克，碱水面80克，上汤200毫升，盐、水淀粉、食用油各适量

做法：

1. 鸡胸肉切丝，加盐、水淀粉、食用油，拌匀，腌渍10分钟。
2. 碱水面放入沸水中，煮2分钟。
3. 锅中加少许清水、上汤煮沸，放鸡肉丝、盐、鸡粉、生菜，煮熟装碗即可。

鸡肉益气，能促进孩子的食欲，对于儿童病后恢复元气有很好的功效。

时蔬汤泡饭

材料： 青菜 50 克，米饭适量，盐、食用油各适量

做法：

1. 青菜洗净，切成小段。
2. 锅中注入适量清水烧沸，倒入青菜段。
3. 倒入米饭，搅拌均匀。
4. 加入适量盐、食用油，搅拌均匀。
5. 关火盛出即可。

专家叮嘱

可将食用油换成猪油，煮出来的味道会更加香浓，而且猪油润燥，非常适合孩子在冬季进食。

肉松饭

材料：肉松 20 克，大米适量

做法：

1. 大米洗净，放入锅中煮熟。
2. 将米饭盛出，放入肉松。
3. 趁热搅拌均匀即可。

肉松味道鲜美，营养丰富，是宝宝常吃的小美味。

鱼松芝麻拌饭

材料：黑芝麻 5 克，米饭 40 克，鱼松 20 克，寿司醋少许

做法：

1. 黑芝麻倒入煎锅中，干炒出香味。
2. 米饭倒入大碗中，加入鱼松、黑芝麻。
3. 充分搅拌均匀，淋入少许寿司醋。
4. 搅拌均匀，倒入碗中即可。

可以将炒熟的芝麻研磨成末状，方便宝宝吞食。

芝士炖软饭

材料：芝士 20 克，米饭 40 克

做法：

1. 锅中注入少许清水，大火煮开。
2. 倒入备好的芝士，搅拌煮化。
3. 倒入米饭，拌至米饭松散。
4. 盖上锅盖，焖煮 2 分钟至入味即可。

专家叮嘱

芝士可以很好地给孩子补充能量，炖好之后可以再撒点芝士粉，味道会更香浓，增加孩子的食欲。

37

蛋香糙米饭

材料： 鸡蛋 40 克，糙米饭 50 克，盐、食用油各适量

做法：

1. 鸡蛋打入碗中，加入盐，搅匀打散。
2. 热锅注油烧热，倒入蛋液，翻炒凝固。
3. 倒入糙米饭，快速翻炒松散。
4. 持续翻炒片刻，至食材完全熟透即可。

专家叮嘱

糙米的浸泡时间最好长一些，能缩短烹饪时间。

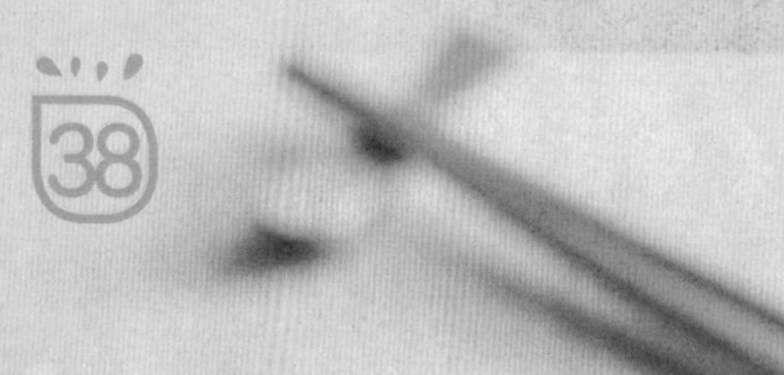

38

鲜汤小饺子

材料： 饺子皮 5 张，猪肉末、紫菜、虾皮各适量，盐、食用油、芝麻油各适量

做法：

1. 肉末加盐、食用油、芝麻油拌成馅料。
2. 取一张饺子皮，放入馅料，在饺子皮边缘蘸水，包好，制成饺子生坯。
3. 锅中注水烧沸，加盐，将饺子煮熟。
4. 碗中放入紫菜、虾皮、饺子，倒入饺子汤即可。

专家叮嘱

紫菜含有丰富的钙与碘，宝宝常吃对骨骼很好。

素三鲜饺子

材料：饺子皮 5 张，韭菜、香菇、笋各适量，盐、食用油各适量

做法：

1. 韭菜切碎；香菇去蒂，切碎；笋切碎。
2. 取一大碗，倒入韭菜、香菇、笋，加少许盐、食用油搅拌均匀，制成馅料。
3. 取一张饺子皮，放入馅料，在饺子皮边缘蘸水，包好，制成饺子生坯。
4. 锅中注水烧沸，加盐，下入饺子生坯，煮至饺子上浮即可。

专家叮嘱

此时的宝宝牙齿还在发育，馅料可做得更细嫩点。

香糯玉米粥

材料：玉米粒15克，黄米70克，白糖适量

做法：

1. 黄米倒入水中，倒入清水，浸泡20分钟，滤去水分。
2. 锅中注水烧开，倒入黄米、玉米粒，加盖后中火煮40分钟，倒入白糖，搅拌至糖化即可。

专家叮嘱　黄米软糯香甜，适合孩子食用，加入白糖调味，能更好地促进孩子的食欲。

肉丝米粉

材料：猪肉45克，海米15克，香菇30克，菠菜、韭菜各25克，粉丝180克，高汤、盐、食用油各适量

做法：

1. 韭菜切段；香菇切片；猪瘦肉切细丝。
2. 锅中注水烧开，放入香菇、海米焯煮。
3. 用油起锅，倒入海米、肉丝炒匀，加入高汤、香菇、粉丝煮软，捞出。
4. 锅中放入菠菜、韭菜，加盐调味，盛出汤品，浇在粉丝上即可。

专家叮嘱　孩子不适合吃口味过重的食物，水发香菇味道鲜美，不宜多加调味了。

Part

9

3~4 岁的 孩子健康食谱

妈妈要注意的问题

制作什么样的辅食

这时候的宝宝已经进入了幼儿期，身体各方面的机能发育也渐渐迟缓下来，对营养的需求也降低了不少，所以宝宝饭量的增加应当逐渐趋于缓慢。因为宝宝的乳牙还在不断萌出，骨骼的发育也需要大量的钙，所以应当适量增加宝宝对钙的摄取，同时为了预防软骨病和佝偻病的发生，还应该适当增加维生素 D 的摄取。食谱安排应当以谷面类食物为主，配合瘦肉、鱼虾、禽蛋肉类等，并且搭配瓜果蔬菜同时食用，以及安排一定量的脂肪和胆固醇类食物，以保证宝宝对各种元素的需求。

喂养小贴士

1. 钙和磷是构成牙齿的基础，氟能抑制细菌增长。长牙期应多补充钙和磷（奶制品、乳类、粗粮、肉、鱼、蜂蜜等食物）。

2. 食物中如需加糖最好使用未经精制的红糖或果糖，睡前饮些开水，并使用婴儿刷清洁口腔乳牙。

3. 宝宝的食物要多样化，以提供牙齿发育所需的丰富营养物质。蛋白质对牙齿的构成、发育、钙化、萌出有重要的作用；维生素可以调整人体机能，维生素 D 的来源主要有干果类、鱼肉类食物并且适量晒太阳，以补充人体所需；富含维生素 C 的食物主要有柑、橘、生西红柿、卷心菜或其他绿色蔬果；此外，其他如维生素 A 或 B 族维生素也应注意补充。

4. 还要注意多咀嚼粗纤维性食物，如蔬菜、水果、豆角、瘦肉等，咀嚼时这些食物中的纤维能摩擦牙面，去掉牙面上附着的菌斑。

5. 事实上，龋齿并不是吃糖多少的问题，关键在宝宝吃糖的频率。比如十块糖分十次吃的话，口腔产生的酸会慢慢腐蚀宝宝的牙齿，但如果是一次性吃完漱口的话，就不会造成反复的腐蚀了。因此，建议家长要控制好宝宝吃糖的频率，或者在宝宝吃完糖之后及时给宝宝喝水，起到稀释的作用。

宝宝的成长轨迹

这个时期的宝宝学会走路后，可以自己去探索世界了，这对于宝宝而言是新奇的。而宝宝的精力充沛，除了要注意饮食的营养外，睡眠问题也非常值得父母们注意。

幼儿睡眠时间应当保持在每晚 9 小时以上。睡眠状态下生长激素的分泌量是清醒状态的 3 倍左右，是宝宝长高的首要激素，一般在晚上10时至凌晨2时，通常在入眠后半个小时左右分泌增加。为了让宝宝长得高高，一定要保证在 9 点之前按时睡觉，以分泌激素、放松肌肉、促进骨骼和关节的伸展。

宝宝的口腔卫生

当宝宝第一颗乳牙萌出的时候，爸爸妈妈就需要用柔软的纱布蘸取温水给宝宝清洁口腔；当宝宝 1 岁左右，或者萌出了 4 颗牙齿之后，就需要用幼儿专用牙刷给宝宝刷牙了。每天应给宝宝刷两次牙，牙刷要选择 1~2 厘米长的，稍微硬一点的，等到宝宝适应后，也可以耐心地教导宝宝自己刷牙，以保证乳牙健康。

第一周食谱举例

◎维生素 △蛋白质 ▣矿物质

餐次/周次	第1顿	第2顿	第3顿	第4顿	第5顿	第6顿
周一	虾仁豆苗鲜汤（201页）	配方奶	炖土豆面团（206页）	配方奶	鲫鱼竹笋汤（208页）	配方奶
周二	豆沙包子（209页）	配方奶	海蛎子鲜汤（203页）	配方奶	青菜溜鱼片（204页）	配方奶
周三	素什锦炒饭（213页）	配方奶	蚕豆炖牛肉（220页）	配方奶	鲜肉馄饨（214页）	配方奶
周四	玉米杂粮饭（217页）	配方奶	香菇烧豆腐（219页）	配方奶	卷心菜蛋饼（222页）	配方奶
周五	荞麦素面（226页）	配方奶	肉糜炒芹菜（228页）	配方奶	上汤娃娃菜（227页）	配方奶
周六	蛤蜊冬瓜汤（223页）	配方奶	口蘑炒管面（216页）	配方奶	茄汁焖饭（229页）	配方奶
周日	猪排三明治（224页）	配方奶	鲜拌莴笋（221页）	配方奶	肉末炒西兰花（218页）	配方奶

第二周食谱举例

餐次／周次	第1顿	第2顿	第3顿	第4顿	第5顿	第6顿
周一	◎△□ 卷心菜蛋饼（222页）	配方奶	◎△□ 熏鸭生菜粥（225页）	配方奶	△□ 芝士杂粮焗饭（204页）	配方奶
周二	△□ 鸡蛋鲑鱼三明治（201页）	配方奶	◎□ 西红柿疙瘩汤（200页）	配方奶	◎△□ 三鲜包子（207页）	配方奶
周三	◎△□ 鲑鱼茶泡饭（211页）	配方奶	◎△□ 素炒青椒（213页）	配方奶	△□ 鲜虾芙蓉蛋（212页）	配方奶
周四	□ 烤味噌饭团（215页）	配方奶	◎△□ 蒜泥蚕豆（210页）	配方奶	◎△□ 鲫鱼豆腐汤（230页）	配方奶
周五	◎△□ 肉末炒西兰花（218页）	配方奶	◎□ 上汤娃娃菜（227页）	配方奶	◎△□ 茄子焗饭（229页）	配方奶
周六	◎△□ 鲜虾烧麦（202页）	配方奶	◎△□ 洋葱鸡肉炒饭（210页）	配方奶	◎△□ 茄汁焗饭（229页）	配方奶
周日	◎□ 口蘑炒管面（216页）	配方奶	◎△□ 罗宋汤（228页）	配方奶	◎△□ 肉糜炒芹菜（228页）	配方奶

3～4岁

小宝宝每月食谱范例

成长期的孩子每天都在变化
对于饮食，美味与营养一样都不能少

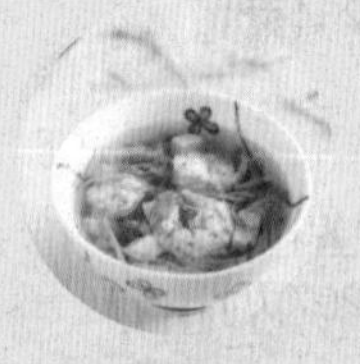
虾仁豆苗鲜汤

肉汁煮黄豆

鲫鱼竹笋汤

素什锦炒饭

玉米杂粮饭

1

西红柿疙瘩汤

材料：西红柿 100 克，洋葱 30 克，面粉 80 克，芝士碎少许

做法：

1. 西红柿切成小块，洋葱切碎，待用。
2. 面粉中加 50 毫升温开水，拌成小面片。
3. 热锅注油烧热，炒软洋葱、西红柿。
4. 加清水，将西红柿炖烂，加面疙瘩煮熟。
5. 盛出，撒上芝士碎即可。

专家叮嘱

疙瘩汤浓郁美味，而且非常容易消化吸收，可以作为孩子常吃的主食。

鸡蛋鲑鱼三明治

材料：鲑罐头半罐，吐司 3 片，蛋黄酱适量，鸡蛋 1 个

做法：

1. 鸡蛋凉水下锅，水沸后继续煮 8 分钟，冷却后剥去蛋壳备用。
2. 吐司切去边，鲑鱼肉碾碎，鸡蛋白切成小丁，蛋黄剁碎。
3. 鲑鱼和鸡蛋分别拌入蛋黄酱，搅拌均匀，铺于吐司上。
4. 三片吐司合起来，对切即可。

专家叮嘱

鲑鱼含较多 DHA，对孩子的大脑发育很好，家长可给孩子定期摄入。

虾仁豆苗鲜汤

材料：虾仁 80 克，豆苗 50 克，高汤、盐适量

做法：

1. 虾仁去除虾线，加入料酒腌渍片刻。
2. 高汤倒入锅中小火烧热，放入腌渍好的虾仁，搅拌片刻。
3. 倒入豆苗，略煮后加入盐，搅拌至入味即可。

专家叮嘱

孩子牙龈脆弱，虾仁不宜煮得太硬，以免宝宝不好咀嚼。

鲜虾烧麦

材料： 白菜400克，净虾仁、香菜末、芹菜、鸡肉末、藕末、盐各适量

做法：

1. 芹菜、藕处理干净，切成碎末；净虾仁切成末。
2. 白菜洗净，焯烫后过凉。
3. 取一干净大碗，倒入香菇末、鸡肉末、虾仁末、芹菜末、藕末。
4. 加盐搅拌均匀，制成馅料。
5. 将肉末包在白菜叶里，用香葱系紧，上锅蒸熟即可。

专家叮嘱

白菜鲜甜，营养丰富，维生素、纤维素含量均很高，并且含有很多水分，冬季给宝宝多吃白菜，可以很好地补充水分，消除小儿积食等不良症状。

海蛎子鲜汤

材料：海蛎子 30 克，姜丝、葱花各适量，盐少许

做法：

1. 锅中注水烧开，放入海蛎子、姜丝。
2. 大火煮开后转小火煮 4 分钟。
3. 加入盐，煮至入味后撒入葱花即可。

专家叮嘱

海贝类味道鲜，不宜多加调味料，海蛎子是低脂高蛋白的食材，对宝宝发育非常好，建议可以经常烹制。

肉汁煮黄豆

材料：肉高汤 300 毫升，水发黄豆 70 克，盐少许

做法：

1. 肉汤倒入锅中，加入水发好的黄豆。
2. 大火煮开后转中火煮 30 分钟。
3. 放入少许盐，搅拌略煮至入味即可。

专家叮嘱

为了孩子容易咀嚼，黄豆不宜煮得太硬。煮的时候可用两指捏一下尝试硬度。

芝士杂粮焗饭

材料：糯米、黑米各 40 克，小米 30 克，马苏里拉芝士 70 克，白糖少许

做法：

1. 糯米、黑米、小米清洗干净。
2. 食材倒入电饭锅内，加入清水、白糖，将杂粮饭焖熟后装入碗中，撒上芝士。
3. 容器放入烤箱，上下火 180℃烤制 10 分钟即可。

五谷杂粮最为健康，还加入孩子喜欢的芝士，但是制作的时候饭要焖软一点，会更适合孩子咀嚼。

青菜溜鱼片

材料：青菜 80 克，黄鱼肉 180 克，姜丝、高汤、盐、白糖、水淀粉、食用油、芝麻油各适量

做法：

1. 青菜切碎；黄鱼肉去骨，片成鱼片。
2. 鱼片中加入盐，拌匀腌渍片刻。
3. 热锅注油烧热，倒鱼片，拌至转色。
4. 锅底留油，倒青菜、高汤、盐、白糖，拌匀，加鱼片，淋入水淀粉，翻炒勾芡，滴入芝麻油提香即可。

鱼肉是高蛋白低脂肪的美味，而且这道菜荤素搭配，非常适合常给孩子制作。

蘑菇通心面

材料： 口蘑30克，通粉100克，黄油10克，奶油20克，蒜末少许，盐各适量

做法：

1. 口蘑切成片。
2. 锅中注水烧开，放入盐、通粉，将通粉煮熟捞出。
3. 黄油热至溶化，倒入蒜末爆香后加入口蘑，翻炒。
4. 倒入煮好的通粉，翻炒均匀。
5. 加入奶油，略炒后加盐、黑胡椒，炒匀调味即可。

专家叮嘱

口蘑营养丰富，含有较多的维生素与矿物质，能很好地提高宝宝的抵抗力，任何季节都适合给宝宝多吃。

炖土豆面团

材料： 土豆300克，面粉130克，西红柿泥200克，白洋葱碎30克，大蒜10克，帕玛氏芝士适量，盐4克，橄榄油适量

做法：

1. 土豆蒸熟，压成土豆泥，加面粉与少许橄榄油。
2. 揉成面团，面团搓成条，逐一弄成一个个小圆球。
3. 锅中注水烧开，放入盐、面团子，煮4分钟至浮起。
4. 面团子捞起，装入碗中，淋入橄榄油，搅拌片刻。
5. 热锅注油烧热，放洋葱碎、大蒜，炒出香味。
6. 倒入西红柿泥，煮至浓稠，加入土豆团子，拌匀。
7. 加入盐、帕玛氏芝士，淋上橄榄油即可。

专家叮嘱

土豆与面粉组合成主食，土豆含有大量维生素C，受到淀粉的影响，即使烹制熟也不会流失营养。

三鲜包子

材料：面粉500克，鸡肉50克，虾仁100克，五花肉、冬笋各300克，生抽、芝麻油、盐、发酵粉、食用碱各适量

做法：

1. 五花肉、虾仁、冬笋、鸡肉均洗净切碎。
2. 加盐、芝麻油、生抽，拌匀成肉馅。
3. 发酵粉用温水化开，倒入面粉中，和成面团，静置一段时间，发酵。
4. 搓条下剂，擀成圆皮，加入适量馅，捏成包子。
5. 放入蒸笼中蒸熟，关火取出即可。

专家叮嘱

包子不要制作太多，最好能让孩子自己拿着，可以培养孩子良好的饮食习惯。

鲫鱼竹笋汤

材料： 鲫鱼 400 克，竹笋 40 克，盐 2 克

做法：

1. 将鲫鱼切片；竹笋切粒。
2. 锅中注入适量清水，将鲫鱼、笋粒放入锅内。
3. 大火烧沸后，用勺子撇净浮沫。
4. 转小火煮熟，加少许盐调味，关火盛出即可。

专家叮嘱

鲫鱼的蛋白非常容易被吸收，而孩子在成长中需要这些，可多给孩子食用。

豆沙包子

材料：面粉 300 克，牛奶 50 毫升，酵母粉 15 克，豆沙 130 克

做法：

1. 将面粉、酵母粉混匀，倒入牛奶，边倒边搅拌。
2. 倒入温开水拌匀，揉成面团发酵 2 个小时。
3. 将面团揉匀，搓成长条，揪成大小一致的剂子。
4. 撒上面粉，擀制成包子皮，放入适量馅。
5. 将包子边捏成一个个褶子，制成包子生坯。
6. 取蒸笼屉，将包底纸摆放在上面，放包子生坯。
7. 电蒸锅注水烧开，放蒸笼屉加盖蒸 15 分钟至熟。

专家叮嘱

甜甜的豆沙包一直受到小朋友的喜爱，但是孩子还在生长发育，不宜吃太甜，所以豆沙可加入少许牛奶调淡，会更适合孩子食用。

洋葱鸡肉炒饭

材料：洋葱 30 克，鸡胸肉 40 克，米饭 120 克，盐、生抽、食用油各适量

做法：

1. 处理好的洋葱、鸡胸肉切成粒。
2. 热锅注油烧热，倒入洋葱，炒出香味。
3. 倒鸡胸肉炒转色，倒入米粉，炒松散。
4. 加入生抽、盐，翻炒调味即可。

专家叮嘱　洋葱营养丰富，可以快速补充能量，食欲不振、精神不佳的孩子可以试试这道美味。

蒜泥蚕豆

材料：蚕豆 250 克，大蒜、酱油、盐、醋各少许

做法：

1. 大蒜捣成泥，加酱油、盐、醋，搅拌成蒜泥调味汁；将蚕豆洗净、去壳。
2. 放入凉水锅中，大火煮沸后改用中火煮 15 分钟，捞出沥干。
3. 将蚕豆放入盘中，浇上蒜泥调味汁，搅匀即可。

专家叮嘱　蚕豆含丰富的矿物质，烹制时还可加入少许肉末，营养会更均衡。

鲑鱼茶泡饭

材料： 鲑鱼肉 100 克，米饭 150 克，海苔 10 克，芝麻适量，玄米 1 袋，葱丝、柴鱼高汤各适量

做法：

1. 玄米茶倒入水壶内，注清水、柴鱼烧制成茶汤。
2. 鲑鱼两面撒上盐，腌渍片刻。
3. 热锅注油烧热，放入鱼肉，用中火两面煎至转色。
4. 鱼肉取出装入碗中，用勺子压碎。
5. 海苔片剪成细条，米饭装入碗中，倒入茶汤。
6. 在将鱼肉摆在饭上，撒上海苔即可。

专家叮嘱

鲑鱼含丰富的蛋白质与 DHA ，但是孩子食用时一定要做全熟，以免拉肚子。

17

鳕鱼蛋黄青菜粥

材料：鳕鱼 50 克，鸡蛋黄 1 个，青菜 30 克，大米 120 克，盐少许

做法：

1. 鳕鱼切成丁，青菜切成小块。
2. 锅中注水，倒入大米后搅拌，加盖煮 30 分钟。
3. 加入鳕鱼、青菜，搅拌，再续煮 10 分钟，倒入蛋黄、盐，搅拌片刻即可。

专家叮嘱

鳕鱼鲜美营养丰富，且没什么刺，非常适合小孩子食用。

18

鲜虾芙蓉蛋

材料：虾仁 40 克，鸡蛋 2 个，盐、芝麻油各适量

做法：

1. 鲜虾去壳取肉壳，挑去虾线，切成粒。
2. 鸡蛋打入碗中，打匀搅散。
3. 加入盐，注入清水，拌匀，放入蒸锅蒸 4 分钟至半凝固，放入虾仁粒，再续蒸 5 分钟，取出淋上芝麻油即可。

专家叮嘱

鸡蛋羹软嫩，蛋白质丰富，加上虾仁或其他食材搭配，非常适合日常烹制。

素什锦炒饭

材料：米饭 200 克，胡萝卜丁、香菇丁、青椒丁、洋葱丁各 50 克，鸡蛋 1 个，盐、食用油各适量

做法：

1. 胡萝卜焯烫后捞出；鸡蛋打散，再入锅中炒至半熟。
2. 锅余油烧热，下洋葱、香菇煸炒，倒入米饭、青椒、胡萝卜、鸡蛋炒匀，加盐调味即可。

专家叮嘱

加入各种蔬菜丁，含丰富的矿物质与维生素，这些是孩子生长发育的必需品。

素炒青椒

材料：青椒 300 克，食用油、生抽、芝麻油、盐各适量

做法：

1. 青椒去蒂、去籽，洗净，切成长丝。
2. 锅置火上，放入食用油烧热，投入姜丝炒香。
3. 倒入青椒丝煸成深绿色，加入生抽、盐炒匀，淋入芝麻油，翻炒即可。

专家叮嘱

青椒看似平凡，却含有高量维生素 C，孩子常吃可增强免疫力。

鲜肉馄饨

材料： 猪瘦肉100克，馄饨皮20张，鸡蛋1个，肉汤、紫菜、葱末各适量，盐适量

做法：

1. 猪瘦肉剁成末；紫菜撕碎；鸡蛋搅散成蛋液。
2. 肉末中加盐、葱末、蛋液，搅拌均匀，制成肉馅。
3. 馄饨皮包入适量肉馅，逐一制成馄饨生坯。
4. 锅中加肉汤煮沸，放入馄饨生坯，煮沸后转小火。
5. 倒入紫菜，煮2分钟左右，加盐搅匀即可。

猪肉含有丰富的胶原蛋白，可以滋润孩子的肌肤，减少干燥造成的伤害，适合冬天给孩子食用。

烤味噌饭团

材料： 米饭150克，味噌适量

做法：

1. 将放凉的米饭逐一捏制成饭团。
2. 饭团放在烤架上，涂抹上味噌酱，烤出米饭的香味。
3. 饭团翻面，再涂抹上味噌酱，将两面烤出焦香即可。

专家叮嘱

味噌含有丰富的酵素，可以促进孩子的消化，增加孩子的肠胃运动。

口蘑炒管面

材料： 管状意面 50 克，口蘑 20 克，蒜末、葱花各适量，盐、黄油各少许

做法：

1. 锅中注水烧开，放入盐、管状意面，将意面煮至熟软。
2. 锅中放入黄油烧化，放入蒜末，炒香后放入口蘑，翻炒片刻。
3. 加入捞出沥干的意面，翻炒片刻，加入盐，翻炒调味后，撒上葱花即可。

专家叮嘱

口蘑脆嫩，矿物质含量丰富，孩子常吃可以提高免疫力、促进食欲，搭配主食一起烹制，更是美味营养。

玉米杂粮饭

材料：玉米粒 15 克，黑糯米 30 克，大米 40 克

做法：

1. 食材倒入碗中，注入适量清水，清洗干净。
2. 锅中注水烧开，倒入洗净的食材。
3. 盖上锅盖，大火煮开后转中火再煮 1 小时即可。

专家叮嘱

杂粮养生是现在科学营养饮食的方向，但是在给孩子食用时，杂粮要煲煮得软糯一些，会更易于孩子消化。

肉末炒西兰花

材料： 瘦肉 30 克，西兰花 130 克，蒜末适量，食用油、盐各少许

做法：

1. 西兰花切成小朵，放入烧开的沸水中，加入少许盐、食用油。
2. 汆煮断生后捞出，浸泡一道凉水后沥干，待用。
3. 瘦肉切成小粒，放入油锅中，翻炒至转色，倒入蒜末翻炒出香味。
4. 加入西兰花，翻炒匀后加盐，炒至入味即可。

西兰花鲜绿可口，含有丰富的维生素，制作的时候已经汆过水，炒制的时间不宜过长，以免过熟而流失营养。

牛油果坚果三明治

材料：牛油果 200 克，吐司 2 片，黑芝麻、腰果、盐、黑胡椒各适量

做法：

1. 牛油果取果肉，打成果泥。
2. 将盐、黑胡椒加入果泥内，搅拌均匀。
3. 将果泥涂抹在吐司上，撒上黑芝麻，摆放上腰果。
4. 将吐司放入预热好的烤箱内，上下火 190℃烤制 10 分钟即可。

牛油果含有丰富的不饱和脂肪酸与矿物质，给孩子吃能滋润宝宝肌肤，且不造成负担。

香菇烧豆腐

材料：豆腐 60 克，鲜香菇 50 克，食用油、盐、料酒、水淀粉各少许

做法：

1. 鲜香菇切片，豆腐切块，在沸水中焯煮。
2. 锅中注油烧热，加入豆腐块煸炒。
3. 放入香菇片和清水、料酒、盐、味精。
4. 大火烧 5 分钟，用水淀粉勾芡即可。

专家叮嘱

植物蛋白与矿物质的结合，优质的营养能让孩子更好成长。

28

凉拌海带

材料：海带 180 克，盐 2 克，陈醋 3 毫升，芝麻油少许

做法：

1. 海带洗净切成丝。
2. 锅中注水烧开，倒入海带，搅散煮至海带全熟。
3. 将海带捞出沥干，倒入凉水中浸泡。
4. 滤去凉水，在海带内加入盐、陈醋、芝麻油，搅拌均匀即可。

专家叮嘱

孩子的抵抗力等功能都在发育，多吃海带能增加孩子的抵抗力，减少生病。

29

蚕豆炖牛肉

材料：牛肉 500 克，蚕豆 250 克，葱、姜、盐各适量

做法：

1. 牛肉切块；姜切片；葱切段。
2. 锅内加水烧沸，加入牛肉块焯煮片刻。
3. 锅中放牛肉、蚕豆、姜片、葱段、料酒。
4. 加入清水，用中火炖至牛肉熟烂，加入盐、味精，调匀即可。

专家叮嘱

牛肉虽然营养丰富，但是半熟的牛肉孩子是不能进食的，所以烹制时要注意。

鲜拌莴笋

材料：莴笋 250 克，盐、香醋、芝麻油各适量

做法：

1. 莴笋剥皮、洗净，切成细丝，放入碗中。
2. 加入盐搅拌均匀，倒掉汁水，备用。
3. 加入味精、香醋、芝麻油。
4. 搅拌均匀即可。

莴笋含有丰富的矿物质，孩子常吃对生长发育有益，但是制作时要做得软烂点，会更方便宝宝消化。

卷心菜蛋饼

材料： 卷心菜1个，鸡蛋4个，高汤50毫升，盐、食用油各适量

做法：

1. 卷心菜切成小块，装入碗中，加入少许盐，拌匀。
2. 鸡蛋打入碗中，加入高汤，搅拌匀。
3. 煎锅注油烧热，倒入卷心菜，炒软。
4. 将卷心菜均匀铺入锅底，均匀地倒入蛋液。
5. 待底部定型，盖上锅盖，将鸡蛋焖熟即可。

专家叮嘱

这道美味既可给孩子当菜，也可以当做点心，制作简单，蛋白质、维生素均包含，但是在制作上尽量减少调味料。

蛤蜊冬瓜汤

材料：蛤蜊 100 克，冬瓜 50 克，姜丝、盐各适量

做法：

1. 冬瓜洗净去皮，切成片。
2. 热锅注水烧开，放入冬瓜，大火煮沸。
3. 加入蛤蜊，加盖，煮 3 分钟。
4. 揭开盖，加入少许盐，搅拌匀即可。

蛤蜊性寒，制作时多放姜丝，以免孩子在进食后引起拉肚子。

海味味噌汤

材料：鳕鱼 50 克，裙带菜 30 克，大葱 20 克，高汤、味噌、盐各适量

做法：

1. 鳕鱼切丁；味噌内加少许温水，调匀。
2. 高汤倒入锅内煮开，加入大葱、裙带菜、鳕鱼丁，拌匀。
3. 放入味噌，搅拌匀煮沸。
4. 加入少许盐，搅拌匀即可。

裙带菜含有碘，孩子在发育时期多进食含碘食物，可预防甲状腺合成缺陷。

猪排三明治

材料：全麦面包2片，猪肉1块，高丽菜200克，高苣叶1片，芥末籽美乃滋2匙，蛋液45克，面粉、面包粉、猪排酱、食用油各适量

做法：

1. 高丽菜切丝泡水，然后捞出沥干。
2. 猪排沾裹面粉，沾鸡蛋液，沾面包粉作为炸衣，放入180℃的油锅中，炸至金黄酥脆后捞出沥油。
3. 将全麦面包的一面涂抹芥末籽美乃滋，放高丽菜。
4. 放上炸猪排，并淋上猪排酱，摆上高苣叶，盖上另一片全麦面包即可。

专家叮嘱

油炸的食物吃多容易上火，在给孩子食用时一定要多搭配蔬菜进食。

熏鸭生菜粥

材料：熏鸭肉 20 克，生菜 30 克，大米 80 克，盐、鸡粉各 2 克

做法：

1. 熏鸭肉切碎，洗净的生菜切成丝。
2. 砂锅中注入适量的清水，大火烧热。
3. 倒入泡发好的大米，搅拌片刻。
4. 盖上锅盖，煮开转小火 30 分钟至熟软。
5. 揭开盖，加入熏鸭肉、生菜，搅拌略煮片刻。
6. 再加入盐、鸡粉，拌匀调味即可。

专家叮嘱

孩子的各脏器都没发育完全，所以在盐的分量上一定要控制，熏鸭本身就有咸味，调味上多加注意。

荞麦素面

材料：荞麦面150克，大葱10克，生抽20毫升

做法：

1. 大葱切碎，放入碗中；生抽煮热之后倒入碗中。
2. 调味汁放入冰箱冷藏，或者加些冰块降温。
3. 水烧开，放入荞麦面煮熟。
4. 捞出放入冰水中降温，彻底变凉后控水备用。
5. 面装入碗中，食用时将面条沾调味汁即可。

专家叮嘱

这个年龄段的宝宝已经可以使用筷子了，为了让宝宝更好地练习使用筷子，这类的长面条也是练习必备的美味。

上汤娃娃菜

材料： 娃娃菜 500 克，虾米 50 克，皮蛋 1 个，蒜、姜、盐、高汤、食用油各适量

做法：

1. 娃娃菜去老帮、老菜叶；皮蛋切碎；虾米洗净，用温水浸发；蒜去皮，洗净，切片；姜洗净切丝。
2. 锅中放油，倒入虾米、蒜片、松花蛋碎、姜丝，用小火煎香。
3. 倒入高汤、盐大火煮沸，放入娃娃菜煮熟即可。

专家叮嘱

娃娃菜含有丰富的纤维素与维生素，宝宝常吃可以在预防便秘的同时补充维生素。

肉糜炒芹菜

材料： 芹菜 60 克，肉糜 30 克，蒜末少许，盐、料酒、食用油各适量

做法：

1. 芹菜洗净，切成小粒。
2. 热锅注油烧热，倒入蒜末，炒香。
3. 倒入肉糜、芹菜粒，炒匀。
4. 加入盐、料酒，翻炒至入味即可。

这道宝宝餐做法简单，荤素搭配，且营养丰富，适合家长家常制作。

罗宋汤

材料： 西红柿 1 个，牛肉末 40 克，白洋葱 10 克，食用油、盐各少许

做法：

1. 洋葱切成粒，洗净的西红柿切成小丁。
2. 热锅注油烧热，倒入洋葱，炒香后加入肉末，快速翻炒至转色。
3. 放入西红柿，翻炒至软后加入清水、盐，加盖炖煮 10 分钟即可。

牛肉所含的蛋白是动物蛋白，可以帮助孩子在发育时期很好地补充能量，帮助肌肉生长。

茄汁焗饭

材料：西红柿200克，马苏里拉芝士80克，米饭120克，蒜末、盐、食用油、芝麻油各少许

做法：

1. 西红柿撕去外皮，切成小块待用。
2. 热锅注油烧热，倒蒜末炒香后加西红柿，炒匀。
3. 待西红柿煮至糊状，倒入米饭，翻炒至米饭松散。
4. 加盐、芝麻油调味，再装入容器内，撒上芝士碎。
5. 将容器放入预热好的烤箱内，上下火定为180℃烤制10分钟即可。

专家叮嘱

西红柿含丰富的茄红素，酸甜多汁，很多宝宝都爱吃，每日给宝宝进食一个西红柿，既可促进孩子的食欲，还能定时补充茄红素。

豆腐鲫鱼汤

材料：鲫鱼1条，豆腐100克，盐、食用油各适量

做法：

1. 鲫鱼、豆腐切成小块。
2. 热锅注油烧热，放入鲫鱼，翻炒匀。
3. 淋入料酒后炒香，倒入适量的清水，煮沸。
4. 倒入豆腐后将其煮熟，加入少许盐调味即可。

专家叮嘱

鲫鱼味道鲜美，而且营养丰富，孩子常吃能增强脑部发育，对眼睛也非常有好处。